Sebastian Petrov, Vincent Sünderhauf

Smart David vs.
Digital Goliath

Wie Sie mit intelligenter Suchmaschinenoptimierung die Großen schlagen

REDLINE | VERLAG

Bibliografische Information der Deutschen Nationalbibliothek:
Die Deutsche Nationalbibliothek verzeichnet diese Publikation in der Deutschen National-
bibliografie; detaillierte bibliografische Daten sind im Internet über **http://d-nb.de** abrufbar.

Für Fragen und Anregungen:
lektorat@redline-verlag.de

1. Auflage 2018

© 2018 by Redline Verlag, ein Imprint der Münchner Verlagsgruppe GmbH,
Nymphenburger Straße 86
D-80636 München
Tel.: 089 651285-0
Fax: 089 652096

Redaktion: Christiane Otto, München
Umschlaggestaltung: Pamela Machleidt, München
Satz: ZeroSoft, Timisoara
Druck: GGP Media GmbH, Pößneck
Printed in Germany

ISBN Print 978-3-86881-702-7
ISBN E-Book (PDF) 978-3-96267-014-6
ISBN E-Book (EPUB, Mobi) 978-3-96267-015-3

Weitere Informationen zum Verlag finden sie unter

www.redline-verlag.de

Beachten Sie auch unsere weiteren Verlage unter
www.m-vg.de

Inhalt

TEIL I:
GRUNDLAGEN

1. Einführung

Wer heute als Händler vor Ort etwas verkaufen möchte, baut sich einen Flagshipstore an einem zentralen Punkt. In Berlin wären das beispielsweise der Ku'damm, die Friedrichstraße oder die Gegend um den Alex herum. Ein Laden in einer Nebenstraße hat deutlich weniger Frequenz – und so ist es auch online. Ein Google-Ranking auf den ersten drei Plätzen ist die Toplage. Die zweite Seite der Suchergebnisse dagegen, die der Nutzer oft gar nicht mehr anklickt, ist die beschauliche Wohngegend weit weg von der Einkaufsmeile. Umsatz wird dort kaum noch gemacht.

»Lage, Lage, Lage« – das Immobilienmaklermotto gilt auch im Netz. Das Gerangel um die besten Locations ist groß, und zwar mit jedem eingegebenen Suchbegriff. Es ist entscheidend für den Geschäftserfolg, dabei jeden Tag aufs Neue die Nase vorn zu haben. Grundstücke lassen sich nicht vervielfältigen, ebenso wenig kann Google die vorderen Plätze mehrmals vergeben. Allerdings wird mit jedem Keyword das Terrain neu verteilt und so gibt es lukrative Nischen für Spezialanbieter, Fachfirmen oder lokal ausgerichtete Betriebe, die quasi eine Etage auf der Vorzeigemeile oder einen Stand im Shoppingcenter ergattern können – und dabei auch die Chance erhalten, mit der Zeit und mit Anstrengungen die Platzhirsche zu verdrängen.

Fast alle großen Firmen haben einmal klein angefangen. Im Internet kann dieses Wachstum jedoch ein ungeahntes Tempo erreichen, gepaart mit abrupter Dynamik. Geschicktes Marketing und kluge Suchmaschinenoptimierung können Erfolgsgeschichten schreiben, vorantreiben, beschleunigen, ja überhaupt erst ermöglichen, die in der Offlinewelt undenkbar wären.

Unterm Strich ist aber alles ein Verdrängungskampf. Die ersten drei Plätze in den Google-Suchergebnissen bedeuten unweigerlich auch, dass sich andere weiter hinten wiederfinden. Jeder Hersteller, Dienstleister und Restaurantbetreiber, jeder Blogger, Mittelständler, Arzt oder Bundestagsabgeordneter, der sich mit seiner Internetseite von der Konkurrenz abheben will, muss sich diese Suchmaschinenmechanismen vor Augen halten – zumal sie sich beeinflussen und verändern lassen. Denn anders als im realen Leben haben die Etablierten keinen Mietvertrag für fünf Jahre, der ihre Präsenz mittelfristig absichert. Bei der organischen Google-Suche werden nahezu jeden Tag die Standplätze neu vergeben. Und wie man mittels Suchmaschinenoptimierung (SEO) den ersten, zweiten oder dritten Platz erlangt, darum soll sich dieses Buch drehen.

Onlinehändler, die Tourismusbranche und Blogger waren die Treiber der SEO-Entwicklung. Andere Branchen verharrten lange offline, haben aber nachgezogen, wie Ärzte oder Anwälte. Immobilienmakler haben wiederum auf die prominenten und aus Kundensicht gut funktionierenden Portale gebaut. Dabei haben sie aber die eigene Präsenz vernachlässigt, und nur mit der können sie sich von der Konkurrenz abheben und ihre Marke auch im Internet stärken. Denn diese Möglichkeiten sind bei den meisten großen Plattformen begrenzt. Das deutsche Handwerk scheint jedoch immer noch im verstaubten Zeitalter des Branchenfernsprechbuchs zu leben. Solange die Aufträge sprudeln und die Wirtschaft brummt (wie aktuell), geht das tatsächlich gut. Vorausschauend ist es sicherlich nicht. Clevere Firmen können hier mit nur wenigen SEO-Maßnahmen immer noch Spitzenplätze einnehmen. In anderen Branchen ist dies wesentlich aufwendiger.

Das Google-Ranking umweht ein Mythos. Geheimnisvoll, kryptisch, unergründlich und vor allem komplex soll der dahinterstehende Algorithmus sein. Einerseits stimmt das und es ist durchaus eine Wissenschaft (weshalb Sie auch dieses Buch in Händen halten). Obendrein ändern sich die berühmten 200 Google-Parameter und

»Hunderte Signale« (O-Ton Google) hin und wieder, aber niemand weiß, wann und in welcher Dimension. Also kümmert sich eine ganze Industrie darum, die Google-Formel zu verstehen und anzuwenden. Am Ende aber, so wie im wirklichen Leben, ist nur eine Handvoll wesentlicher Punkte wichtig, unserer Meinung nach sind es sogar nur drei. Den Rest sollten Sie zwar nicht vernachlässigen, aber eben erst danach behandeln – und Ihren Ressourcen entsprechend.

Die Regeln und Erkenntnisse, die wir hier ins Feld führen, sind nicht im Wortsinne wissenschaftlich oder gar amtlich verbürgt. Sie speisen sich aus vielerlei Quellen: Einige hat Google selbst bestätigt; andere ergeben sich aus den offiziellen Regeln. Schließlich möchte Google, dass die Internetseitenbetreiber in ihrem Sinne agieren. Viele Einflussgrößen sind offenkundig, weil das geschulte Auge an den Suchergebnissen sehen kann, was funktioniert und was nicht (mehr). Bei anderen wiederum scheiden sich die Geister, es wird in Foren und auf Konferenzen diskutiert und es wird gemutmaßt. Letztlich kennt man einige Algorithmen gar nicht und weiß natürlich nicht einmal, was man nicht weiß – was aber den anderen Wettbewerbern ähnlich geht.

Die zentralen Leitlinien, die wir in diesem Buch skizzieren, sind allerdings Konsens, zumal sie alle auf dem schlichten Credo basieren, das Google über die Jahre verfeinert und propagiert hat: Google gefällt, was dem Nutzer gefällt. Wer daran konsequent denkt und das Design seiner Internetseite und deren Inhalt darauf ausrichtet, hat bereits viel gewonnen. Ein attraktiver Auftritt ist nicht nur Grundvoraussetzung für den SEO-Erfolg, sondern ohnehin das, was der eigene Maßstab beim Aufbau einer Website sein sollte.

Niemand kennt dagegen die genaue Gewichtung der Faktoren. Denn die Google-Suche basiert auf einem firmeneigenen Algorithmus, der zudem immer wieder kontrolliert und angepasst wird – meist jedoch ohne große Ansage. Die weiten Sprünge und Verwerfungen wie in der Vergangenheit wird es dabei vermutlich nicht mehr geben.

Schließlich waren die großen Umwälzungen vor einigen Jahren oft auch Antworten auf den massiven Missbrauch und die Irreführung der Nutzer, sogenanntes Blackhat-SEO. Es gab damals schnelle Erfolge. Doch wenn von einer Casinoseite auf eine Eisdiele verlinkt wird, merkt Google das längst und straft beide Seiten ab. Bleiben Sie also ein Whitehat: sauber und themenrelevant.

Eine wichtige und obendrein offizielle Quelle ist das Blog der »Google Webmaster-Zentrale«. Dortige Veröffentlichungen (»Offizielle Informationen zum Crawling und zur Indexierung von Webseiten und News für Webmaster«) geben einen wertvollen Einblick. Sie offenbaren nicht nur direkte Informationen, sondern beschreiben auch die grundsätzliche Herangehensweise des Internetgiganten und seine Philosophie. Die Autoren gehen dort auch auf das permanente Katz-und-Maus-Spiel ein und das naheliegende Interesse von Internetseitenbetreibern, Webagenturen und SEO-Spezialisten, den Algorithmus zu durchschauen. So rieten sie den Webmastern im Mai 2011 nach dem Panda-Update beispielsweise, sich nicht zu sehr auf aktuelle Ranking-Algorithmen und -Signale zu konzentrieren, sondern stattdessen den Besuchern ihrer Webseiten das bestmögliche Nutzererlebnis zu bieten. Sich zum Beispiel auf Änderungen des Panda-Algorithmus zu versteifen, wie es einige Publisher getan hatten, sei nicht empfehlenswert, da dies nur eine von vielen Verbesserungen der Suche gewesen sei, die Google im Jahr 2011 geplant hatten. Denn, so die Google-Blog-Betreiber:

> »Die Suche ist eine komplizierte und sich ständig weiterentwickelnde Kunst und Wissenschaft, daher solltet ihr euch nicht auf bestimmte Algorithmusoptimierungen konzentrieren, sondern auf die bestmögliche Erfahrung eurer Nutzer.«[1]

Wir werden Ihnen in diesem Buch strukturiert die wichtigsten Elemente, Maßnahmen, Zusammenhänge und Tools erklären. So erhalten Sie ein Konzept, statt an Dutzenden kleinen Baustellen herumzubasteln. Denn wesentlich sind nur wenige zentrale Felder, aus denen sich allerdings etliche Unterpunkte und Hausaufgaben ergeben. Und denken Sie nicht primär an Google, sondern an Ihre Zielgruppe. Beantworten Sie die Frage, warum die Kunden zu Ihnen kommen, im Suchergebnis auf Ihre Seite klicken, dort verweilen, Sie verlinken und empfehlen sollen. Es sind ähnliche Fragen und Antworten, die auch andere, klassische Bereiche der Kommunikationsarbeit und des Marketings betreffen: Früher (und heute auch noch) war es ein peppiges Werbeplakat, eine gewitzte Pressemitteilung, ein edler Messeauftritt oder ein informatives Faltblatt. Seit einigen Jahren ist nun eine attraktive Internetseite zu dieser Mischung hinzugetreten.

Auch wenn sich die Algorithmen und Regeln nicht mehr sprunghaft ändern, steckt hinter den Internetsuchergebnissen stets eine große Dynamik: Die Treiber der täglichen, ja minütlichen Veränderung sind Ihre Aktivitäten, jene der Konkurrenz, die Weiterentwicklung/ Reaktion der Suchmaschinen, das Suchverhalten der Nutzer und der technische Fortschritt (so ist etwa die mobile Suche als Faktor immer wichtiger geworden). Die Grundfesten, die wir in diesem Buch beschreiben, dürften jedoch noch lange Bestand haben, und zwar gute, relevante Inhalte mit der richtigen Wortwahl, starke Links und vor allem kluge Antworten auf die Frage: Wie kommen Besucher auf meine Seite, warum bleiben sie dort und kaufen schließlich? Denn das SEO-Ranking trägt den Onlineverkauf und damit meinen wir alle Internetseitenbetreiber, die sich von ihrem Auftritt Conversions und Reaktionen erhoffen.

Es gibt verschiedene Arten der Onlinepräsenz (wie auch von Suchin-
tentionen) und unser Buch ist vor allem businessorientiert. Doch
die Grundregeln sind auf die meisten Webauftritte anwendbar, ob es
die »Onlinevisitenkarte« eines Anwalts ist; hartes E-Commerce, also ein Shop, oder die Seite einer Beauty-Bloggerin.

2. Die Basis

Was bedeutet Suchmaschinenoptimierung?

Suchmaschinenoptimierung bedeutet, dass Sie Ihre Internetseite dergestalt fit für die Suchmaschinen machen und entsprechend verbessern, um bei den organischen Suchergebnissen im Ranking ganz weit vorn zu landen, möglichst auf den ersten Plätzen, in jedem Fall auf der ersten Seite, also unter den ersten zehn. Und Suchmaschine, das heißt bekanntlich Google. In Deutschland und Westeuropa hat Google einen Marktanteil von rund 95 Prozent. Ausgerechnet in den USA muss der Gigant gehörige Abstriche davon machen. Microsofts Bing und Yahoo mischen dort recht stark mit. In Russland (Yandex), mit Abstufungen in Teilen Osteuropas und in China (Baidu) gibt es lokale Marktführer.

Aber im deutschsprachigen Markt, in Westeuropa und weltweit (außer China und Russland) ist Suchmaschinenoptimierung = Google-Optimierung. Die zweitgrößte Suchmaschine der Welt ist übrigens die Google-Tochter youtube, doch deren Themenspektrum ist nicht so universell. Ein Spezialgebiet ist die Seite des Onlinehändlers Amazon. Wenn Sie Produktanbieter sind, der darüber gefunden wird, ist dies von höchster Relevanz. Wir werden uns jedoch in diesem Buch nahezu ausschließlich um Google kümmern.

Genutzte Themen: Top 10

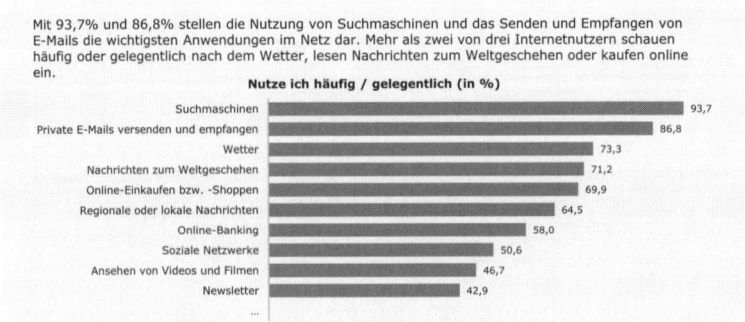

Grundsätzlich gilt, und dies sollte auch ein Leitfaden Ihrer gesamten Onlinestrategie sein: Google findet alles toll, was Nutzer gut finden. Das sind Übersichtlichkeit, Struktur, attraktive, aktuelle und regelmäßig erneuerte Inhalte, klare und spezifische Benennung aller Informationen, schnelle Ladezeiten, Links, Versionen für Tablet und Smartphone und und und. Wer diese Nutzer- und Kundenorientierung beachtet, also für einen hohen Komfort und eine gute Qualität sorgt, hat gute Karten. Denn diese Merkmale, die für User einen Mehrwert bedeuten, führen nahezu automatisch zu hohen Nutzerzahlen und längeren Verweildauern, was wiederum Google bemerkt und Ihnen entsprechend gutschreibt.

Mit zielstrebiger, kontinuierlicher und gekonnter Suchmaschinenoptimierung können Sie

➤ die Sichtbarkeit bei Google erhöhen.

➤ die Reichweite in den Suchmaschinen verbessern.

➤ mehr Besucher zielgerichtet auf Ihre Website lotsen.

➤ direkte Kauf- und Kundenanfragen steigern.

➤ eine Marke im Web etablieren.

➤ Ihre Onlinereputation verbessern.

Suchmaschinenoptimierung ist dabei ein Teilbereich von *Suchmaschinenmarketing*, zu dem wiederum auch *Suchmaschinenanzeigen* gehören. Systematisch gesehen thront über allem das *Onlinemarketing*.

Grundprinzipien: Wichtige Google-Faktoren – und Mythen

Jeder möchte bei den Suchergebnissen ganz vorn dabei sein – oder zumindest vor der Konkurrenz auftauchen. Mit den Worten Googles: »Ziel der Suchmaschinenoptimierung ist es, dass Suchmaschinen die Inhalte Ihrer Website besser verstehen und präsentieren können.«[2] Dazu gehört zunächst die technische Seite, schließlich sollen Suchmaschinen die Inhalte einer Internetseite besser crawlen, indexieren und eben verstehen können. Am Ende zählen aber die realen und hoffentlich positiven Nutzererfahrungen und die Leistung der Webseite, weil genauso wiederum Google denkt und der Algorithmus programmiert ist.

Über die Google-Algorithmen existieren viele Mythen. Sie erscheinen vielen wie eine Blackbox und natürlich wird diese Geheimniskrämerei von etlichen SEO-Spezialisten kultiviert, als seien es Zaubertricks. Dabei sind die Bestandteile dieser Formel weitestgehend bekannt, nur eben nicht die genaue Zusammensetzung und schon gar nicht das jeweilige Gewicht. Daneben erneuert sich Google täglich und orientiert sich konsequent am Nutzer. Dies sind zwei seiner Erfolgsfaktoren, die zum Quasimonopol in weiten Teilen der Welt, vor allem aber in Westeuropa und im deutschsprachigen Raum geführt haben. In puncto Suchmaschinenoptimierung heißt das: Alles, was dem Nutzer hilft und einen Mehrwert bringt, schätzt auch Google.

Es gibt rund 200 Google-Faktoren und vor denen müssen Sie keine Angst haben. Denn – extrem vereinfacht gesagt – jeder davon wäre rechnerisch auch nur ein Zweihundertstel wert. Real ist es so, dass die unwichtigen Elemente natürlich viel weniger zählen, da Google schließlich nicht jede Einflussgröße gleich gewichtet. Daher konzentrieren wir uns in dem Buch auf die bedeutsamsten, was heißt, dass sie in der geheimen Google-Formel deutlich stärker als ein Zweihundertstel zählen müssen. Diese Prioritätensetzung ist somit auch eine einfache Rechenaufgabe. Verschwenden Sie also nicht Ihre Zeit, um an den vielen kleinen Schrauben zu drehen. Es mag Wirtschafts- und Lebensbereiche geben, wo absolute Präzision und Veränderungen von Tausendsteln wichtig sind, etwa bei der Sicherheit von Flugzeugen – hier aber würde es nur Millimeter vorangehen. Gleichzeitig fehlt Ihnen jedoch diese Zeit für die wesentlichen Dinge.

Konzentrieren Sie sich stattdessen auf lediglich drei Aspekte, die allerdings genug Arbeit verursachen und etliche Unterpunkte besitzen: die richtigen **Keywords (1)** in Verbindung mit relevanten Inhalten, starke **Links (2)** und eine gute **Beschreibung (3a)** Ihrer Seite mit aussagefähigem **Title-Tag (3b)**. Wir werden all dies ausgiebig erklären und mehr müssen Sie (fast) nicht auf der Rechnung haben; es sei denn, Sie sind in extrem umkämpften Märkten tätig. Die anderen Faktoren haben ihre Berechtigung und wir werden viele davon auch beschreiben. Sie verfügen aber nicht über einen solchen wirksamen Hebel. Es nützt beispielsweise googletechnisch nichts, den Bildaufbau mühsam und teuer um eine Zehntelsekunde zu optimieren. Dies betrifft wohlgemerkt nur die SEO-Faktoren. Die Aufgaben, die vor Ihnen stehen, um eine gute Seite zu erstellen oder sie zu renovieren, sind weitaus umfangreicher.

Wer diese Dinge beachtet, kann realistischerweise in vier bis acht Monaten in den Top 10 landen. Dies funktioniert, wie erwähnt, nur über Verdrängung, also harten Konkurrenzkampf. Platz ist auf der ersten Seite nur für höchstens zehn Suchergebnisse.

Beim Thema »Verdrängung« berühren wir einen für (seriöse) Suchmaschinenoptimierung wichtigen Punkt: Das, was wir in diesem Buch beschreiben und was unser täglich Brot ist, verbessert Ihren Internetauftritt dergestalt, dass Google dies positiv vermerkt. Allerdings sind Sie nicht der Einzige, der optimiert. Dies tut auch die Konkurrenz und beeindruckt damit die Suchmaschine ebenfalls. Insofern können wir Sie hier trainieren und stählen für den Wettkampf. Zudem ist es eminent wichtig, sich anzuschauen, was die Wettbewerber machen (und noch besser: was nicht). Jede SEO-Strategie geht sogar präzise darauf ein. Am Ende ist aber das, was wir hier tun, auch immer relativ zu sehen zur Stärke/Schwäche Ihrer Konkurrenz. Stark umkämpfte Märkte oder Suchwörter bedeuten meist auch eine professionelle Optimierung durch die anderen. Es ist ein Wettrüsten.

Doch es bleibt keine andere Wahl: Wer online erfolgreich sein möchte, muss Suchmaschinenoptimierung betreiben – so wie man trainieren und das richtige Schuhwerk haben muss, um bei einem Wettlauf oder Fußballspiel zu gewinnen. Es ist eine Grundvoraussetzung, aber keine Garantie. Und Sie werden, wie beim Training, ebenfalls erst nach einigen Monaten Effekte spüren, dann aber nachhaltig, wenn Sie dranbleiben.

Der Algorithmus

Google hat über die Jahre stark an seinem Algorithmus gearbeitet und ihn in dutzenden Stufen aktualisiert, einige Male sogar massiv. Dann blieb kein Stein auf dem anderen, und manche Internetseiten, die kräftig vor allem mit Verlinkungen und Keywords manipuliert hatten, wurden im Suchergebnis regelrecht ausgelöscht. Google musste reagieren, denn es hat ein ureigenes Interesse daran, dass seine Nutzer genau das finden, was sie suchen, zufrieden sind und nicht andere Suchmaschinen präferieren. Diese Nutzerorientierung, durch milliardenschwere Forschung und Analyse und die Fülle der Trackingmöglichkeiten gestützt, hat Google zur unumschränkten Nummer 1 unter den Suchmaschinen gemacht.

Berühmt geworden, aber genau genommen nur Stellvertreter für Dutzende anderer Aktualisierungen, sind das Panda- und das Penguin-Update. Panda hat sich der Qualität von Texten gewidmet, Penguin hat Seiten abgestraft mit schlechten (gekauften) Verlinkungen. Man kann diese Phase auch als das Ende von Wild-West-Manieren bezeichnen. Vor diesen Versionen konnte man allein durch Geld und Arbeitszeit – statt durch Kreativität, Relevanz oder Qualität – auf den vorderen Rängen landen. Es war die Zeit des sinnlosen Keywordstuffings und tausendfach gekaufter Links. Es liegt auf der Hand, dass Nutzer mit solchen Seiten nichts anfangen konnten, und so hat Google dem einen Riegel vorgeschoben. Wir erwähnen diese beiden Punkte auch deswegen, weil sie immer noch herumgeistern, obwohl sie nicht nur ausgemustert wurden, sondern heute sogar kontraproduktiv sind. Wer solche Hebel nutzt, hat nicht nur nichts gewonnen, sondern wird sogar abgestraft, weil Google dies als Manipulation und Missbrauch ansieht. Dennoch sind die dahinterstehenden Punkte, Keywords und Links, nach wie vor Grundpfeiler beim Berechnen der Rankings. Google hat sich aber um deren Wahrhaftigkeit und Echtheit und die Entlarvung nicht statthafter Methoden und dazugehöriger Geschäftsmodelle gekümmert.

Google möchte das beste Nutzererlebnis und so soll das Suchergebnis auch die relevantesten und nützlichsten Seiten für die jeweilige Suchanfrage anzeigen, was indes umgehend getrackt wird. Für dieses Nutzerverhalten stehen wiederum allgemeingültige Kriterien aus dem realen Leben, die Google in Rankingfaktoren übersetzt hat, sodass sie in eine Formel passen. Früher beispielsweise war es egal, ob die Nutzer auch auf das Suchergebnis geklickt haben. Heute werden förmlich jeder Schritt und Atemzug gemessen und verarbeitet: Wo er klickt, wie lange er auf welche Seite verweilt, von wo er nach wo geht, ob er wiederkehrt und so weiter.

Wie macht Google das? Durch sein riesiges Netz, speziellen Tools und die bekannten Dienstleistungen: Neben der dafür zentralen Google-Suchmaschine sind dies die Analysesoftware Google Analytics, die nahezu jeder Seitenbetreiber bei sich installiert, der Internetbrowser Chrome, Gmail, das Android-Smartphonebetriebssystem und viele andere Funktionen und technische Elemente, für die der IT-Riese berühmt ist oder die im Hintergrund laufen.

So kann Google harte Kriterien rund um den Traffic messen: etwa die Klickrate, also wie viele Leute von allen auch auf das angezeigte Suchergebnis klicken, oder die Absprungrate, nämlich wie viele Leute von allen nach dem Besuch einer einzigen Seite diese wieder verlassen. Oft ist es aber ein Mix aus allem. Denn ein Absprung kann beispielsweise auch als solcher gezählt werden, obwohl der Nutzer sofort und schnell das gefunden hat, wonach er suchte (etwa eine Telefonnummer oder die Öffnungszeiten), sich aber nicht weiter auf Ihrer Internetseite umschaut, weil er gar nicht mehr Informationen benötigte.

Sollten Sie etwa gut gerankt werden, die Nutzer aber unterdurchschnittlich stark auf Ihre Seite klicken (weil sie die Beschreibung nicht anspricht) und dann auch noch nach kurzer Zeit Ihre Internetseite wieder verlassen, so vermerkt Google dies, wenngleich Sie bisher aufgrund anderer Maßnahmen, etwa klugem Keyword-Einsatz und großartiger Verlinkung, gut platziert sind. Für Google senden solche Verhaltensweisen der Nutzer negative Signale.

Das Suchergebnis einer Internetseite kann sich dabei rein googletechnisch erst verändern, wenn diese Seite gecrawlt, also von den Google-Robotern erfasst wurde. Zudem benötigen die SEO-Bemühungen, wie erhöhter Traffic und Linkaufbau, ohnehin eine Weile. Effekte können sich also erst nach einigen Monaten einstellen. Ein Suchergebnis ändert sich nur selten von einem Tag auf den anderen – es sei denn, Sie haben beispielsweise einen Politikblog und dort gerade einen Skandal gepostet, auf den alle Medienseiten verlinken. Die Regel ist dies nicht; allein auch, weil ein rascher, großer Linkaufbau von Google als verdächtig angesehen wird. Neben dem Wort »relevant« ist bei der Suchmaschinenoptimierung daher auch das Attribut »organisch« besonders wichtig. Die Google-Datenbanken haben Milliarden an Informationen über alle möglichen Konstellationen. Sie haben längst gelernt, wenn etwas Unnatürliches passiert. Alle seriösen SEO-Experten haben dies verstanden.

Ein anderer Grund für die Verzögerung bei einer neuen Anzeige des Suchergebnisses liegt darin, dass Google Ihnen und der SEO-Szene nicht auf dem Silbertablett präsentieren möchte, was geht und was nicht. Viele Beobachter gehen daher auch von einer eingebauten

Warteschleife aus, bis Veränderungen überhaupt sichtbar werden, wobei vieles, was wir in diesem Buch skizzieren, ohnehin nicht wie ein Cola-Automat funktioniert: Also oben schmeiße ich Geld hinein und unten kommt das gewünschte Ergebnis raus. Es ist in ein Gesamtkunstwerk, eine Mischung aus den von uns für wichtig empfundenen Maßnahmen und des Ausprobierens.

Man kann aber im Großen und Ganzen einige Leitplanken sehen, denen Google folgt: Google richtet sich am Nutzer aus, am Nutzerverhalten, an der Qualität von Seiten und deren Relevanz. Den Google-Algorithmus stören Zeichen und Aktionen, die auf künstliche, gekaufte und manipulative Aktionen schließen lassen. Zudem merkt Google, wenn schlagartig beispielsweise sehr viele Verlinkungen auf eine Seite hinzukommen (also das Gegenteil von »organisch«), wobei dies auch reelle Ursachen haben kann. Unter anderem wegen dieser Detailverliebtheit ist Google so erfolgreich.

Gleich am Anfang dieses Buches möchten wir auf unsere Netiquette verweisen, die wir auch als Inhaber einer SEO-Agentur mit zwölf Jahren Erfahrung am Markt beherzigen. Sie besagt, dass wir nur legitime, googlekonforme Aktionen durchführen. Damit haben unsere Kunden – und Sie als Leser, der unsere Erkenntnisse anwendet – nicht nur ein reines Gewissen, sondern auch die Gewissheit, dass Sie von Google nicht wegen irgendwelcher Tricks herabgestuft werden. Denn der Kampf gegen Internetspam ist ein roter Faden beim Algorithmus und vielen generellen Bemühungen des Suchmaschinengiganten. Das Unternehmen dokumentiert dies sogar in einem eigenen Spambericht, so etwa für das Jahr 2016: »Wir haben über neun Millionen Nachrichten an Webmaster verschickt, um sie auf Probleme mit Webspam auf ihren Seiten aufmerksam zu machen.«[3] Dabei wird Spam nicht nur mittels Algorithmen erkannt, sondern auch manuell. Mögliche Höchststrafe: Die Website wird aus dem Google-Index entfernt. Das ist so, als wenn Ihnen die Gewerbeaufsicht von einer Sekunde auf die andere den Laden zusperrt. Viele der

Aktionen, die jeder unbedingt vermeiden sollte (»negative Nutzererfahrung«), stellen wir daher in diesem Buch ebenfalls vor.

Diese Beispiele orientieren sich unter anderem an den offiziellen Google-Qualitätsrichtlinien, die die häufigsten Formen von Täuschung und Manipulation beschreiben und dabei konstruktiv formulieren: »Webmaster, die ihre Zeit und Energie für die Einhaltung und Aufrechterhaltung der Richtlinien aufwenden, sorgen für eine bessere Nutzererfahrung und werden folglich durch ein besseres Ranking belohnt als diejenigen, die ständig nach Schlupflöchern suchen.«[4] Google schlägt dabei vier Grundprinzipien vor[5]:

➤ Die Seiten für die Nutzer erstellen, nicht für Suchmaschinen.

➤ Nicht die Nutzer täuschen.

➤ Tricks vermeiden, die das Suchmaschinenranking verbessern sollen.

➤ Eine ansprechende, einzigartige Internetseite schaffen und gestalten.

Früher wurden Internetseiten oft nur auf Suchmaschinen optimiert, heute eher für den User. Die »Nutzererfahrung« spielt eine immer größere Rolle und sie ist ein zentraler Begriff im googleeigenen Wortschatz. Faktoren wie Absprungraten und Aufenthaltszeiten rücken zunehmend in den Fokus. Dafür ist attraktiver Content mit einem Mehrwert enorm wichtig. Auch der Linkaufbau ist wesentlich organischer geworden. Was also der Leitfaden sein sollte, sind wahrhafte, natürliche und nützliche Maßnahmen. Besucher merken dies sofort – und die hochintelligenten Suchmaschinen erst recht.

Ein Ergebnis von Suchmaschinenoptimierung und ein Unterschied zu Suchmaschinenanzeigen ist dabei Folgendes: Wenn Ihr Schiff, in diesem Fall also die SEO, erstmal in Fahrt gekommen ist, was einige

Beschleunigungszeit und dann stetiges Gasgeben erfordert, und Sie alles richtiggemacht haben, sind die Wirkungen nachhaltig. Es kann dabei auch zu einem sich selbst verstärkenden Effekt kommen: Wer durch kluges, reelles SEO mit interessanten Inhalten oben angekommen und relevant ist, auf dessen Seite wird geklickt und auf den wird verlinkt. Das wiederum vermerkt Google, sodass die Chance groß ist, dass Sie oben bleiben. Dies ist zwar stark vereinfacht und etwas idealisiert, aber es soll das Grundprinzip veranschaulichen.

Mit allem sollte man rechtzeitig anfangen, wozu auch eine detaillierte, vorausschauende Planung gehört. Treten Sie beispielsweise zeitig in Gruppen und Foren ein und engagieren Sie sich dort – nicht erst, wenn Sie sie brauchen und dort Ihre Inhalte promoten wollen. Wenn Sie eine (Neu-)Konzeption Ihrer Internetseite erwägen, müssen SEO-Leute sofort mit an den Tisch, falls SEO nicht ohnehin die treibende Kraft hinter dem Neustart ist. Übrigens sollte eine gut laufende Internetseite nicht auf einmal komplett umstülpt werden, sonst ist das bisherige, möglicherweise gute Ranking gefährdet, da die Suchmaschinen alles neu bewerten. Also besser jeweils nur Teilaspekte angehen, auch wenn überall Optimierungsbedarf besteht, und die anderen Elemente in einer zweiten Phase bearbeiten.

Vieles geht nur übers Probieren und über die richtige Mischung, und wie so oft gilt auch hier: Ein Blick zur Konkurrenz schadet ebenfalls nicht und gehört vielmehr zu den ersten Analyseschritten. Jeder sollte sich dabei bitte vor Augen halten: Google bewertet alles im Vergleich zu anderen. Entscheidend ist also nicht, wie schnell man läuft, sondern dass man der Erste ist.

Früher war alles anders

Es hält sich eine Reihe von Google-Legenden, die, wie das bei Legenden oft ist, durchaus einen wahren Kern haben können, aber meist nicht das richtig treffen, worum es geht: Eine dieser Aussagen heißt: »Gekaufte Links sind schlecht«. Das stimmt, solange Linkfarmen in Osteuropa oder Bangladesch beauftragt werden. Denn diese Anbieter tun das millionenfach und sind fachlich-inhaltlich völlig irrelevant für den Nutzer. Doch was ist, wenn ein Hotelbetreiber einen Reiseblogger einlädt, bei ihm ein paar Tage zu verbringen, und er schreibt anschließend darüber und setzt in dem Beitrag einen Link zum Domizil? Rein geschäftlich gesehen ist auch das ein gekaufter Link, allerdings mit dem entscheidenden Unterschied, dass er relevant ist, dem Nutzer einen Mehrwert bringen kann und es einen thematischen Zusammenhang zwischen beiden Partnern gibt (all diese Punkte vermerkt Google), weil sie für den Nutzer wichtig sind.

Zu nützlichen und funktionierenden gekauften Links gehören auch die zunehmenden Advertorials von Zeitungen und Zeitschriften: Das sind Artikel, die bezahlt werden und auch als solche gekennzeichnet werden müssen. Sie bieten dem Leser, wenn er es möchte, durchaus sinnvolle Informationen und – je nach Anbieter – einen Link zu Ihnen. Auch dies straft Google nicht ab, es sei denn, das jeweilige Medium übertreibt es und setzt zu viele Links. Genau aus diesem Grund werden sie aber auf »nofollow« gesetzt sein und somit zwar funktionieren, aber nicht bei Google mitzählen. Dazu später mehr.

Es kommt immer auf den Linksetzer, seinen googlemäßigen Leumund und die thematische Relevanz an. Vergessen Sie also die Absolutheit dieser »Nicht-Kaufen-Regel«, die im großen Ganzen stimmt, aber nicht schwarz/weiß gesehen werden darf. Jedes erfolgreiche Projekt arbeitet unserer Meinung nach in irgendeiner Form mit Kauflinks. Und wenn es das Restaurant ist, das den Foodblogger zum Essen eingeladen hat. Gekaufte Links sind also auch ein Beispiel dafür, was früher im großen Stil funktioniert hat und jetzt nur noch in kleineren Dimensionen möglich ist, und daher heißt es: Finger weg von Linkfarmen, Linktausch und Massenveranstaltungen, denn Google guckt mit. Maßvolles Linkmarketing, dem wir uns später auch widmen, ist aber unserer Meinung nach in Ordnung.

Eine andere Einflussgröße, die in neuem Licht gesehen werden muss, ist das Alter der Domain. Auch hier haben sich frühere Gewissheiten verändert: Das schiere Alter ist kein Pluspunkt mehr. Google möchte Chancengleichheit zwischen Etablierten und Neuen herstellen und will dafür sorgen, dass nur das »Nutzererlebnis«, die Relevanz und Qualität zählen. Trotzdem hat sich eine lange bestehende Domain im Laufe der Zeit etwas erarbeitet. Sie erhält zwar keinen simplen Altersbonus, aber naturgemäß ist die Wahrscheinlichkeit höher, dass es dort wesentlich mehr und bessere Links gibt, um nur einen Punkt zu nennen. Insofern bedeutet Alter – wie im richtigen Leben oft auch – indirekt mehr Erfahrung und Kompetenz, die jedoch erkämpft und täglich dargelegt werden muss. Eine Seite, die nicht gepflegt worden ist, wo nichts passiert oder die gar veraltete Informationen beinhaltet, wird degradiert. Früher war es einfacher, sich einen Platz weiter oben zu sichern, da es einen automatischen Altersvorteil gab, wie im Vergütungswerk des öffentlichen Dienstes.

Google sorgt also für Fairness und macht dies ausgezeichnet. Denn nur der Nutzer und sein Komfort zählen. Beide Beispiele stehen auch für Veränderungen bei Google-Kriterien, allerdings nicht so, dass sie völlig aufgelöst worden sind oder nun gar das komplette Gegenteil gilt, was es jedoch auch gibt, etwa beim Keywordstuffing. Entscheidend ist für Google die Qualität einer Seite und eines Informationsangebots, und zwar hinsichtlich der Onpage- und Offpagefaktoren. Die genauere Behandlung dieser beiden Faktoren finden Sie im Praxisteil dieses Buches in zwei Kapitel aufgesplittet.

Reputation

Bevor sie eine Waschmaschine kaufen oder ein Hotel buchen, lesen sich viele Kunden die Erfahrungsberichte anderer durch. Wer mehr über eine prominente Person erfahren möchte, schaut bei Wikipedia nach. Für Ärzte gibt es eigene Bewertungsportale, allen voran Jameda. Personalchefs checken, was es über ihre Bewerber im Internet zu finden gibt (und sie gehören zu den wenigen, die sich mit Hingabe auch den hinteren Seiten des Suchergebnisses widmen). Neue Bekanntschaften werden vor dem ersten Date gegoogelt, ja heutzutage konfrontieren sogar Richter/-innen Angeklagte mit dem Spruch: »Wenn ich Sie im Internet suche, finde ich nur Negatives.«

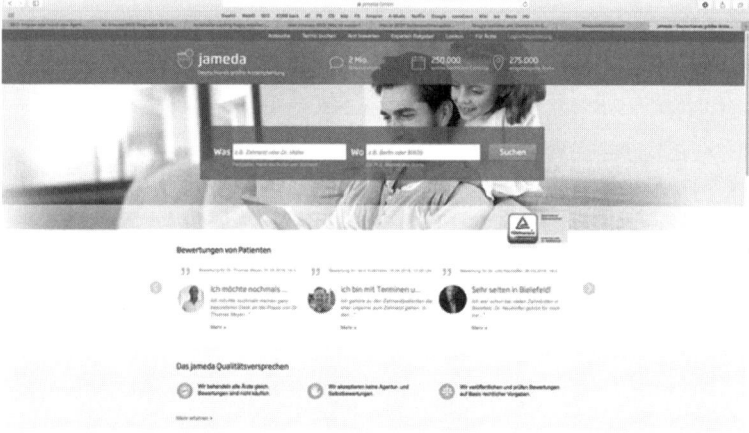

Jameda: Wie für viele Branchen gibt es auch für Ärzte ein spezielles Bewertungsportal. Die meisten Doktoren finden sich dort unfreiwillig wieder, worum sich auch schon die deutsche Justiz gekümmert hat. Ein Gericht urteilte im Februar 2018, dass die Daten einer Ärztin gelöscht werden müssen.

Nichts ist so wichtig wie ein guter Ruf. Seit Beginn unserer Zivilisation achten Menschen darauf, was andere über sie sagen und denken. Ja, es ist einer der bedeutendsten sozialen Faktoren, wenn nicht sogar der wichtigste soziale Faktor (da wir alle Teil einer Gruppe sein wollen und nichts so sehr fürchten wie den Ausschluss aus ihr. Daher verhalten sich die meisten von uns gruppenkonform).

Ein gutes Image muss man sich lange erarbeiten und es kann in Sekundenschnelle dahin sein, zu Recht oder Unrecht, beispielsweise durch einen unbedachten Tweet von Ihnen oder den bösartigen eines anderen. Denn wie im realen, analogen Leben ist man auch und gerade im Internet nicht vor Verleumdung oder gar unbewiesenen Anschuldigungen geschützt, womöglich noch anonym. Der direkte Link zur Suchmaschinenoptimierung liegt also auf der Hand und der heißt »Online-Reputationsmanagement«. Es handelt sich dabei um eine inhaltliche Sparte von SEO, die sich in Ihrem Werkzeugkasten bedient und die übergreifenden SEO-Ziele unterstützt. Mit gutem Online-Reputationsmanagement können Sie

➤ die Sichtbarkeit in den Suchmaschinen erhöhen,

➤ die Reichweite in den Suchmaschinen verstärken,

➤ negative Ergebnisse verdrängen,

➤ eigene Inhalte besser auffindbar machen, und

➤ insgesamt positiv Ihre Marke im Web etablieren.

Denn eine Internetseite kann noch so gut optimiert sein – wenn die Suche nach jemandem von unerwünschten Ergebnissen überlagert wird, hat man nichts gewonnen. Reputation und ihre Evaluierung und Verbesserung sind also integrale Bestandteile von Suchmaschinenoptimierung; und dazu gehört manchmal auch, wenn nötig, die Reputation wiederherzustellen (und nur sehr selten hilft dabei ein Richter).

Eine Internetseite ist wie ein zweites Büro in einer anderen Stadt, es ist ein zweites Standbein. Hier müssen Sie Ihr Kapital investieren, so wie in Kunst oder Design. In Suchmaschinenoptimierung ist das Geld allerdings wesentlich besser angelegt. Ist der Ruf einmal ruiniert, müssen Sie im realen Leben eventuell auch in eine andere Stadt oder schlimmstenfalls ein anderes Land umziehen. Auf unser Thema übertragen heißt das: Sie müssen eine neue Internetseite aufbauen, und zwar komplett und richtig.

Marke

Eine starke Marke – selbstverständlich mit guter Reputation – färbt auf die Suchergebnisse ab und wird beim Google-Ranking berücksichtigt. Dies geschieht allerdings nicht direkt und mit harten, messbaren Werten; vielmehr durch indirekte Aspekte, die mit den Relevanzkriterien zu tun haben, die wir im Laufe des Buchs erklären: Eine erfolgreiche Marke ist bekannt, hat Reichweite, Anhänger, ist relevant, hat etwas zu sagen und verfügt über einen exzellenten Ruf, der in der Regel Solidität und Vertrauen ausstrahlt. Für das Anliegen unseres Buchs entscheidend ist dafür Ihre Internetseite. Sie ist schließlich die zentrale Plattform, die Google ausliest. Bei vielen Unternehmen kommen die meisten Besucher über den Suchbegriff des jeweiligen Unternehmensnamens auf die Seite. Die Marke sorgt also in diesem Fall – vor allem wegen Marketingeffekten, die ihren Ursprung in früheren Maßnahmen haben – für einen erheblichen Teil des Traffics. Zudem haben diese Besucher die Qualität der Marke im Kopf und besitzen damit selbst eine höhere Qualität in Sinne einer späteren Conversion, also eines Kaufs – gegenüber Leuten, die noch eher unverbindlich auf der Suche sind oder noch gar nichts von der Marke und ihren mit ihr verbundenen Attributen gehört haben. Daher gilt es, sich in- und außerhalb des Netzes als Marke zu etablieren und darzustellen. Wie dieses Buch zeigen wird, folgt Onlinekommunikation dabei eigenen Regeln und kann keine bloße Kopie sein. Wir kennen einige ausgezeichnete Offlinemarken, die sich online ziemlich peinlich präsentieren.

Sichtbarkeit und Präsenz

Sich darzustellen, seine Produkte oder auch politische Ideen zu verkaufen, das geht nicht nur über die eigene, gut besuchte und gut gerankte Website. Visibility, also Sichtbarkeit, und starke Prasenz erreicht nur, wer alle anderen und für das jeweilige Anliegen wichtigen Internetkanäle bespielt, etwa mit einem prominenten Interview, das natürlich online stark verbreitet und crossmedial vermarktet wird. Erst dieser sehr breite Ansatz – onpage und offpage, online wie offline, wobei sich die Trennung zunehmend aufgelöst hat – schafft eine starke Marke. Visibility ist die Kombination von Google-Platzierung, Microsites (von der eigentlichen Webseite optisch unabhängige kleine Websites zu einem bestimmten Thema), eigenen Fachartikeln und Beiträgen von Bloggern über Sie.

Gerade mit den letzten drei Aspekten – Reputation, Marke und Sichtbarkeit – möchten wir auch auf die großen Überschneidungen und Zusammenhänge des Themas hinweisen. Schließlich ist Suchmaschinenoptimierung nicht losgelöst von anderen Kommunikationselementen und Marketingaktivitäten zu sehen, die selbstverständlich nicht nur Ihre eigene Internetseite umfassen. Vielmehr sollten all diese Teile für Tätigkeiten stehen, die auf dem allgemeinen Unternehmensanliegen basieren und ihren Teil dazu beitragen, die Zielgruppe und die gewünschte Conversion zu erreichen.

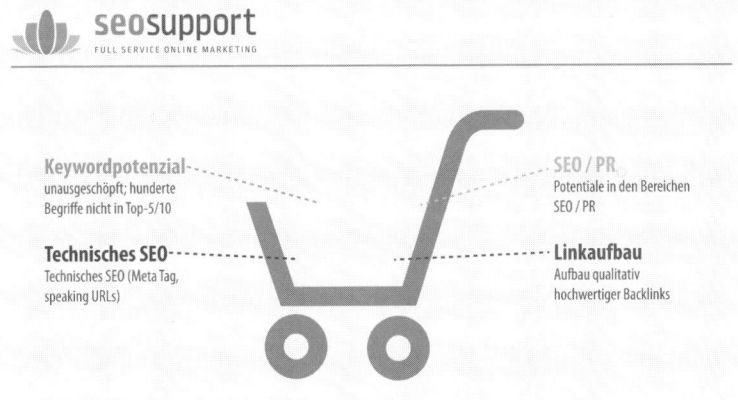

Wie funktionieren Google und sein Crawler?

Für das Verständnis von Suchmaschinenoptimierung und der dahinterstehenden Mechanismen ist es wichtig, sich den Crawling- und Indizierungsvorgang Googles zu vergegenwärtigen. Denn ein Großteil der Arbeit – und dies ist eine globale Mammutaufgabe in rund 130 Sprachen – wird bei Google vor der Suchanfrage geleistet. Schließlich sucht die Suchmaschine nicht in dem Moment der Suchanfrage, sondern sein »Crawler« oder »Robot« hat vorher alle weltweit zugänglichen, besonders die neuen und aktualisierten Internetseiten besucht und dort die Informationen aufgesogen und erfasst. Ein wichtiges Mittel beim Crawling vor allem neuer Seiten sind übrigens Links, die den Crawler zu anderen Seiten schicken. Je mehr Links es zu einer Internetseite gibt, umso häufiger sucht der Crawler/Robot diese Seite auf. Google kann also nur jene Seiten besuchen und verarbeiten, die ihm mittels dieser Methoden bekannt geworden sind, wobei es in der Regel nicht nötig ist, diese bei Google einzureichen. Sie werden während des Crawlvorgangs automatisch erkannt und hinzugefügt.

Daraufhin werden die vom Crawler regelmäßig abgerufenen Daten im Index gespeichert und sortiert, also indexiert. Auf diesen Index, der die von Google als relevant erachteten Inhalte strukturiert und zusammenfasst, greift die Suchmaschine bei einer späteren Suchanfrage zurück. Im Indexeintrag stehen Inhalt und Speicherort (URL) für jede Seite. So weiß die Suchmaschine, auf welcher Internetseite zu welchem Suchbegriff Inhalte zu finden sind.

In einem dritten und finalen Schritt werden diese Seiten während der Suchanfrage nach Relevanz gerankt, um in der entsprechenden Reihenfolge angezeigt zu werden. Genau an dieser Stelle kommt der berühmte Algorithmus zur Anwendung. Erst hier geht es um die Positionierung der Internetseiten innerhalb der Suchergebnisse.

Crawling 〉 **Indexing** 〉 **Ranking**

Selbstverständlich laufen diese Vorgänge wesentlich vielschichtiger ab. Es ist der technisch-wissenschaftliche Kern des Geschäftserfolgs und der gesamten Suchdienstleistung Googles. Welcher Milliardenaufwand dahintersteht, verdeutlichen auch die Existenz riesiger Forschungseinrichtungen unter anderem zu diesem Thema und die Tatsache, dass Google seine Suchergebnisse im Bruchteil einer Sekunde ausspielt – und dies gegebenenfalls individuell passend zur Person und lokalisiert.

TEIL II:
PRAXIS

Die Maßnahmen, mit denen sich die Google-Performance einer Internetseite mittels Suchmaschinenoptimierung verbessern lässt, teilen sich in zwei Gebiete auf: Onpage-SEO und Offpage-SEO. Wir werden die beiden Aspekte in jeweils getrennten Abschnitten darstellen. Onpage-SEO umfasst Aktivitäten, die man direkt auf und mit seiner Internetseite durchführt, Offpage-SEO betrifft Dinge, die außerhalb einer Seite stattfinden, sich aber auf diese auswirken. Naturgemäß entzieht sich Letzteres Ihrer vollständigen Kontrolle, weshalb es von Google auch als Rankingfaktor besonders geschätzt wird, da es unabhängig von Ihnen ist. Es ist daher dort gerade der Ansatz, durch gutes Marketing, Überzeugungsarbeit, Kontakte und schlichtweg eine attraktive Internetseite dafür zu sorgen, dass es zu den gewünschten Effekten kommt, etwa eine Verlinkung von einer anderen Website zu Ihnen. Doch bevor es soweit ist, benötigt man erst einmal eine exzellente eigene und auch selbst optimierte Seite mit einem gelungenen Aufbau, interessanten Inhalten und einer klugen internen Verlinkung – alles Dinge, die Sie mittels Kreativität, Können und Arbeitszeit selbst in der Hand haben: Onpage-SEO.

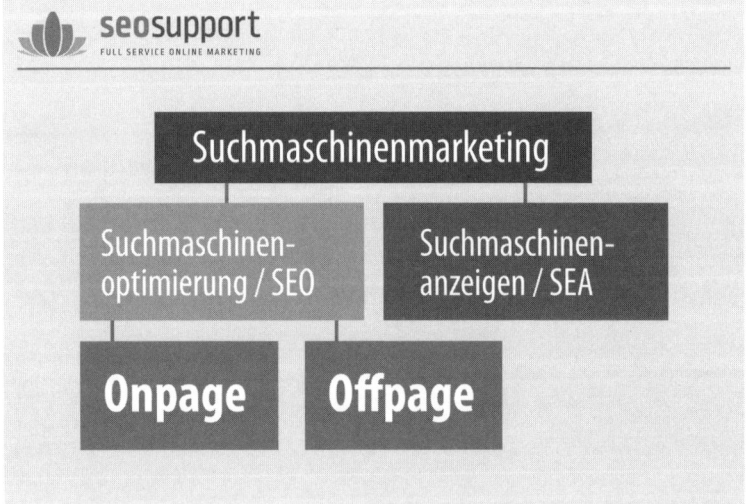

3. Onpage-SEO

Denken Sie an die Google-Devise: Eine Internetseite sollte nicht für die Suchmaschinen entwickelt werden, sondern für den Kunden. Dann stellt sich zwar nicht automatisch der Erfolg ein, doch es ist die nötige Basis dafür. Nur mit einer attraktiven Seite, die zu Ihnen und Ihrer Kommunikationsstrategie passt, zieht man Kunden an, hält sie und beeindruckt Google.

Im Mittelpunkt eines Konzepts für die Onpage-Aktivitäten sollte dabei zunächst stehen, was man mit der Seite erreichen will, was die Conversions und Reaktionen der Kunden im weitesten Sinne sein sollen. Wollen Sie informieren, »nur« Präsenz zeigen, für eine gute Reputation sorgen und/oder konkret etwas verkaufen? Wer ist überhaupt die Zielgruppe und gibt es mehrere? Und was macht die Konkurrenz, wie sieht deren Seite aus? Bei diesen Aspekten, wie grundsätzlich in diesem Buch, gehen wir von einer Internetseite mit eher kommerziellen Absichten aus. Doch selbst wer nur ein privater Blogger ohne jegliche Umsatzambitionen ist, kann/sollte anhand dieser Schritte vorgehen.

Es macht natürlich einen Unterschied für das gesamte Projekt »Internetseite«, ob es bereits eine Webseite gibt oder man bei null anfängt. Im ersteren Fall wurde offenbar Optimierungsbedarf erkannt, es gibt Defizite oder zumindest die Notwendigkeit zur Renovierung, etwa in puncto Design, Navigation und Inhalte. Unabhängig davon, wie weit man mit dem Umbau geht, besteht hier die Möglichkeit, wertvolle Daten zu aktuellen Nutzern und deren Verhalten zu erfassen und auszuwerten, um daraus die richtigen Schlüsse zu ziehen.

Für den anderen Fall bauen Sie das Haus komplett neu, was nicht unbedingt ein Nachteil sein muss, auch wenn der Aufwand in der Regel größer ist. Denn auch ein reiner Umbau kann sich verzögern, es kann Überraschungen geben und ungeahnte Kettenreaktionen. Dessen muss man sich bewusst sein, auch wenn die Alternative dann nur selten heißt, komplett neu anzufangen.

Umsatz im Online-Handel wächst 2018 um zehn Prozent

HDE
Handelsverband
Deutschland

in Mrd. Euro

2005	2006	2007	2008	2009	2010	2011	2012	2013	2014	2015	2016	2017	2018
6,4	8,4	10,4	12,6	15,6	20,2	24,4	28,0	32,0	35,6	39,9	44,2	48,7	53,4

Quelle: HDE-Prognose; IFH; ohne Umsatzsteuer

Grundlagen, Strategie und Zielgruppe

Es ist bereits angeklungen: Ohne eine systematische Vorgehensweise und Planung geht es nicht. Natürlich kann man immer »einfach so« eine Seite aufbauen, die logisch aussieht und das Unternehmen widerspiegelt. Doch sie wird nicht attraktiv und vor allem passend für Ihre Zielgruppe sein, den richtigen Inhalt bieten und Google beeindrucken. Es ist also wichtig, mit System, Struktur, Konzept und Plan vorzugehen.

AGOF Universum

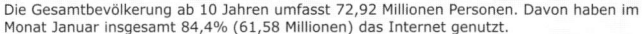

Die Gesamtbevölkerung ab 10 Jahren umfasst 72,92 Millionen Personen. Davon haben im
Monat Januar insgesamt 84,4% (61,58 Millionen) das Internet genutzt.

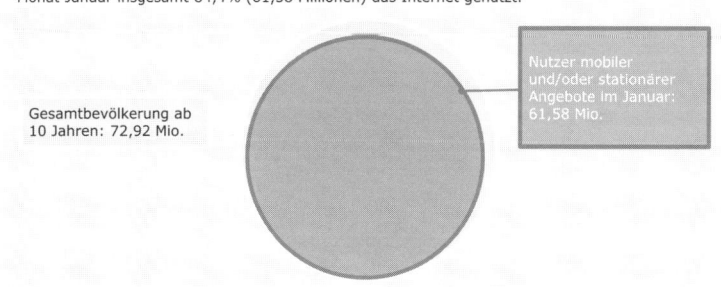

Gesamtbevölkerung ab
10 Jahren: 72,92 Mio.

Nutzer mobiler
und/oder stationärer
Angebote im Januar:
61,58 Mio.

Wer sind meine Kunden?
Zielgruppen und Wettbewerb/Konkurrenzanalyse

Eine erfolgreiche Suchmaschinenoptimierung beginnt, so wie viele
andere Marketingmaßnahmen auch, mit einer soliden Analyse der
Kunden und Zielgruppe sowie des Wettbewerbs. Für Ihre generellen Unternehmensaktivitäten haben Sie all dies hoffentlich bereits
ergründet. Wenn nicht, etwa weil bislang nicht mehr als eine Idee
existiert, vergegenwärtigen Sie sich, was wohl die Eckdaten Ihrer
Zielgruppe sind, beispielsweise:

➤ Business oder privat? Und wenn privat, dann:

➤ Geschlecht?

➤ Alter?

➤ Bildungsstand?

➤ Einkommen?

➤ Wohnort (Bundesland, eher Stadt oder Land?)

➤ Interessen?

Soziodemografie: Geschlecht und Alter

AGOF

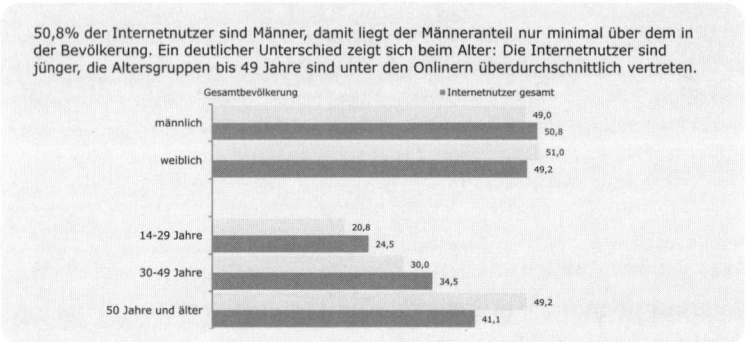

50,8% der Internetnutzer sind Männer, damit liegt der Männeranteil nur minimal über dem in der Bevölkerung. Ein deutlicher Unterschied zeigt sich beim Alter: Die Internetnutzer sind jünger, die Altersgruppen bis 49 Jahre sind unter den Onlinern überdurchschnittlich vertreten.

Basis: n=146.438 Fälle (deutschsprachige Wohnbevölkerung in Deutschland ab 14 Jahren) / Zielgruppen: Nutzer stationäre und/oder mobile Angebote (letzte drei Monate) n=141.148 Fälle; Quelle: AGOF e. V. / daily digital facts 01-02.2016 / Auswertungszeitraum: Januar 2018 / Angaben in % (Quelle: AGOF)

Die Antworten auf diese Fragen sind für Ihr Geschäft ohnehin von großer Bedeutung und selbstverständlich muss sich diese Zielgruppe auf Ihrer Webseite wiederfinden. Daneben kann es neben der Kernzielgruppe für ein Business noch weitere Zielgruppen geben, die man mit der Seite bedienen möchte. Nehmen wir beispielsweise einen Branchenverband, der von Mitgliedsbeiträgen und neuen Mitgliedern lebt. Er übt jedoch auch Lobbyarbeit aus, also soll die Internetseite ebenso Politiker und hohe Fachbeamte beeindrucken, Journalisten und andere Multiplikatoren, etwa Wissenschaftler. All dies müssen die Verantwortlichen berücksichtigen und priorisieren, ohne allerdings die Kernzielgruppe und deren Informationsbedürfnisse aus dem Blick zu verlieren.

Soziodemografie: Bildung und Tätigkeit

Mit 64,7% sind fast zwei Drittel der Internetnutzer berufstätig. 36,3% weisen (Fach-)Abitur oder einen (Fach-)Hochschulabschluss auf. Nicht oder nicht mehr berufstätige Personen sind unterdurchschnittlich im Internet anzutreffen.

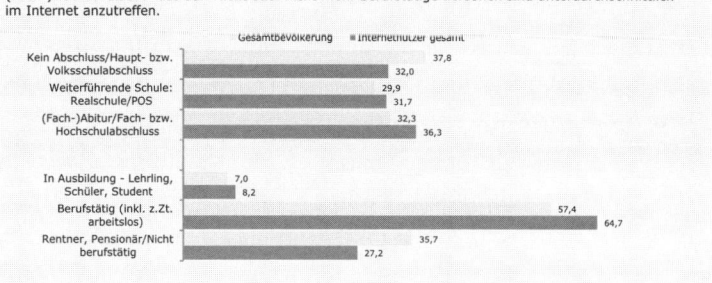

Basis: n=146.438 Fälle (deutschsprachige Wohnbevölkerung in Deutschland ab 14 Jahren) / Zielgruppen: Nutzer stationäre und/oder mobile Angebote (letzte drei Monate) n=141.148 Fälle; Quelle: AGOF e. V. / daily digital facts 01.02.2013 / Auswertungszeitraum: Januar 2013 / Angaben in %. (Quelle: AGOF)

Soziodemografie: Personen im Haushalt, Haushalts-Nettoeinkommen

Der Anteil Single-Haushalte ist unter den Onlinern etwas geringer als in der Gesamtbevölkerung, der größte Anteil der Internetnutzer (43,0%) wohnt in Haushalten mit drei oder mehr Personen. 66,5% der Nutzer leben in Haushalten mit einem Haushalts-Nettoeinkommen von 2.000 EUR oder mehr.

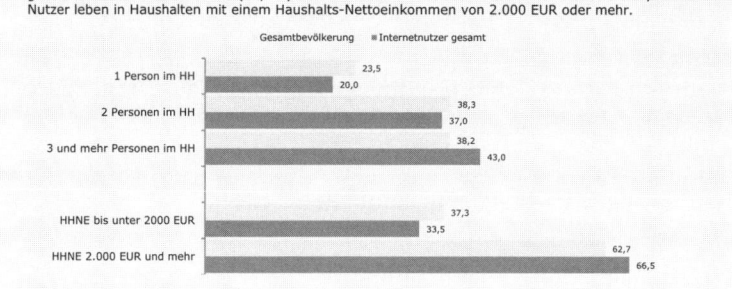

Basis: n=146.438 Fälle (deutschsprachige Wohnbevölkerung in Deutschland ab 14 Jahren) / Zielgruppen: Nutzer stationäre und/oder mobile Angebote (letzte drei Monate); n=141.148 Fälle; Quelle: AGOF e. V. / daily digital facts 01.02.2013 / Auswertungszeitraum: Januar 2013 / Angaben in %. (Quelle: AGOF)

Ziele setzen

Nachdem die Zielgruppe/n festgelegt worden sind, geht es darum, was diese auf der Internetseite tun soll, was also die sogenannte Conversion sein soll? Kauf und Umsatz? Eine Registrierung als Kunde? Eine Anmeldung für einen Newsletter oder das Herunterladen der neuesten kostenlosen Studie? Auch dies sollten die Entscheider definieren oder gegebenenfalls vor dem Hintergrund bisheriger Erfahrungen und Erkenntnisse neu ordnen. Dabei liegt es auf der Hand, dass die vom Betreiber beabsichtigte Conversion im Mittelpunkt der Seite steht. Gleichzeitig muss für die Inhalts- und Keywordplanung beachtet werden, was neben dem Kerngeschäft (noch) von informativem Interesse für die Zielgruppe und Google sein soll. Mit einem reichhaltigen Informationsangebot lässt sich eine Seite attraktiver und relevanter machen, was die Auffindbarkeit und das Ranking via Google erheblich verbessert. Darauf werden wir in den einschlägigen Abschnitten noch weiter eingehen. Doch für die grundsätzliche Planung einer Internetseite sollten diese Punkte beachtet werden; auch, weil sich daraus die Dimension und die Kosten Ihres Projekts erheblich verändern können.

Was **für Ihr Unternehmen** gilt, findet auch bei der Planung Ihrer Internetseite Anwendung: Setzen Sie sich Ziele, und zwar auch ausgedrückt in konkreten Zahlen und mit Datum. Was wollen Sie erreichen? Was sind Funktionen, die Ihre Webseite ausfüllen soll?

➤ Erhöhung des Traffics – und wenn ja, wie viele Besucher beispielsweise in einem Jahr?

➤ Erhöhung der Markenbekanntheit

➤ Erhöhung der Einnahmen und des Vertriebs, und zwar in welcher konkreten Höhe in beispielsweise einem Jahr?

➤ Erhöhung des eigenen Business durch qualitative Leadgenerierung – und dann: wie viele?

➤ Erhöhung der Links durch Umwandlung der ausgelösten Kundenwünsche

➤ Erhöhung der Kundenbindung auf emotionaler Ebene

Wie Sie eine etwaige Auswahl der oben genannten Punkte – es können durchaus auch alle davon sein – mit Leben füllen, werden wir im Abschnitt »Inhalt« behandeln.

Seitenstruktur: Aufbau, Navigation, Startseite und Landingpages

Google liebt Struktur – in allen Formen. Eine flache und aussagekräftige Hierarchie ist für den Besucher und auch die Suchmaschine besser verständlich. Bringen Sie daher Ordnung, Übersicht, Klarheit und System in Ihre Seiten. Dabei müssen auch die Proportionen der einzelnen Teile stimmen. Es ist wie ein Haus, das auch statisch stabil sein muss.

Zur gelungenen Struktur gehört übrigens auch, dass man auf Ihrer Seite auf den ersten Blick erkennt, um welche Branche es geht. Die Rubriken müssen also spezifisch sein. Denn Angaben wie »Unsere Leistungen«, »Über uns«, »Referenzen« und »Kontakt« können gleichermaßen von Scheidungsanwälten, Zahnärzten, Catering-Unternehmen oder Schraubenherstellern stammen.

Planen Sie zunächst, gemeinsam mit entsprechenden Mitstreitern und Kollegen, welche Themen auf der Seite stehen sollen. Diese sollten sich an Ihren Angaben zur Zielgruppe und der Funktion Ihrer Internetseite orientieren. Denken Sie bei allem an eine logische Architektur, an Nutzerfreundlichkeit und Barrierefreiheit und an die Vielfalt der Darstellungsformen und Stilebenen, um für Käufer, Leser und Suchmaschinen attraktiv zu sein. Entscheidend ist dabei eine eingängige Hauptnavigation mit den spezifischen Bezeichnungen, sodass Suchmaschinen die Relevanz für Ihr Thema ausmachen können. Die Struktur unterscheidet sich natürlich darin, ob man einen Shop mit Dutzenden Kategorien und Produktseiten plant oder »nur« ein Informationsangebot.

Die Startseite ist für Sie und für das Anliegen dieses Buches von besonderer Bedeutung. Sie ist das Einfallstor für Nutzer, Suchmaschinen und die meisten eingehenden Links und wird als stärkste Seite angesehen. Sie sollte daher auch für die zentralen Suchbegriffe und/oder den Namen der Organisation ganz vorne ranken, was beim Einbauen des Inhalts/der Keywords berücksichtigt werden sollte. Zudem sollte beim späteren Linkmarketing darauf geachtet werden, dass überdurchschnittlich oft auf diese Hauptseite verwiesen wird, was sie stark und relevant macht. Diese Kraft strahlt wiederum auf die wichtigsten Unter-/Kategorieseiten und Menüpunkte aus, wenn von ihr aus weiter verlinkt wird.

Kategorien

Die Planung sollte von der Startseite ausgehen. Vom Allgemeinen zum Speziellen – jedoch auch wieder nicht zu kleinteilig. Denken Sie daran, den Kategorien später im URL-Pfad beschreibende Namen zu geben, also keine Nummern oder interne Geheimcodes, kein Keywordstuffing, sondern schlichte Wörter, die bereits Informationen über den Inhalt von Unterseiten abgeben. Die URL muss »sprechen« – so ist ein Link gefällig und aussagekräftig. Damit wird die Relevanz zu einzelnen Themen gesteigert, die sich in der URL abbilden.

Vorteile von sprechenden URLs:

➤ Man erkennt sofort, worum es auf der URL geht, zum Beispiel auch in Printanzeigen.

➤ Nutzer klicken lieber auf sprechende URLs als auf kryptische.

➤ Wenn jemand nur mit URL verlinkt, ist das Keyword automatisch im Linktext.

➤ Sprechende URLs werden im Ausschnitt (Snippet) des Google-Suchergebnisses angezeigt.

➤ Sprechende URLs machen eine Seite optisch und auch algorithmisch relevanter. Lesen Sie mehr dazu unter: https://www.seokratie.de/urls-und-seo/

Zudem sollten URLs möglichst kurz sein – und dazu gegebenenfalls im Content-Management-System per Hand eingedampft werden – und natürlich Ihre Keywords beinhalten. Sie werden auch im Snippet angezeigt und transportieren so Informationen, die zum Klicken anregen sollen. Dabei werden jene Begriffe hervorgehoben, die in der Suche enthalten waren. Auch die Einrichtung einer Sitemap ist hilfreich. Nicht nur Nutzer, auch Google findet sich damit besser zurecht. Google möchte immer das große Ganze erkennen, also den Kontext.

Die Rubriken sollten Ihr Geschäft und die wesentlichen, eher generischen Keywords widerspiegeln, eben das, wofür die Seite steht, relevant sein und Conversionen erzielen soll. Im Abschnitt »Keywords« werden wir ausführlich beschreiben, wie Sie die wichtigsten Suchbegriffe finden und warum sie so zentral für die Suchmaschinenoptimierung sind. Doch so viel jetzt schon einmal: Die Keywords funktionieren nur so gut, wie sie in Ihren Texten dann auch vorkommen und die entsprechenden Seiten innerhalb der Seitenhierarchie und durch interne Links priorisiert werden. Überhaupt ist die systematische und häufige interne Verlinkung auf die wertvollsten Seiten, Kategorien und Produkte ein elementarer Aspekt und damit ein Signal: Auf diese Weise erkennen Kunden und Suchmaschinen die relative Stärke und Relevanz der jeweiligen Seite. Die genauen Mechanismen werden wir noch erklären. Doch ist es wichtig, diese Mechanismen beim Strukturieren der Seiten im Auge zu haben, deren entscheidender Punkt neben dem Abdecken der bedeutendsten inhaltlichen Punkte darin besteht, eine Hierarchie und einen logischen, zusammenhängenden Aufbau festzulegen.

Produkte, Dienstleistungen und zentrale Punkte

In einem Internetshop sind die Produktunterseiten in der übergroßen Mehrheit. Möglicherweise prägen sie auch die Gesamtstruktur und zu Unternehmensinformationen oder einen Blog gelangt man nur über einen speziellen Menüpunkt. In puncto Informationsmix und »Suchmaschinen-Beeindruckung« muss man dies abwägen. Die Produktseiten mit den entsprechenden Beschreibungen verankern die Keywords, über die Sie gefunden werden wollen. Aus den Produkten/Ihren Dienstleistungen ergeben sich daher die aufwendig recherchierten und festgezurrten Keywords, die im Ranking möglichst weit vorn erscheinen sollen. Andererseits kann die Keywordrecherche auch dazu führen, dass Sie beispielsweise Markt- oder Informationslücken entdecken, die Sie nun auf Ihrer Internetseite schließen möchten, oder Sie können dadurch neue Businessideen bekommen. In einem der vorangegangenen Absätze haben wir es bereits erwähnt: Je hierarchisch höher die Seite liegt, von der aus verlinkt wird, umso mehr Stärke überträgt sie auf die Zielseite. Diese Prominenz färbt auch auf die Rankings ab, die die entsprechende Unterseite in den Suchergebnissen erzielen kann. Ein erwünschter Effekt, der jedoch begrenzt ist, deswegen auf die wichtigsten Seiten beschränkt und bei der Planung gut überlegt sein sollte.

Informationsseiten

Informationsseiten stehen für Inhalte und Seiten, die nur informieren, also nicht direkt zu einer Conversion führen sollen. Für das Ranking zu bestimmten Keywords oder um für Nutzer zusätzliche attraktive Inhalte bereitzuhalten, die sich gegebenenfalls auch noch zum Teilen und Weiterverbreiten eignen, sind solche Angebote von Vorteil. Solche Seiten können Kompetenz und Expertise zeigen, für Aktualität sorgen oder Markenbildung befördern – alles wichtige Aspekte und Funktionen sowie Kriterien, die Google schätzt.

Seitentiefe

Internetseiten sollten nicht zu kompliziert und tief aufgebaut sein. Dies macht die Präsenz unübersichtlich und schreckt Nutzer ab, genauso wie den Crawler, der möglicherweise gar nicht so tief gräbt und solche Seiten als irrelevant ansieht (zudem sind seine Ressourcen/sein »Budget« begrenzt). Das Ergebnis einer soliden Planung sollte daher eine flache Seitenarchitektur sein. Allgemein wird empfohlen, dass User mit maximal drei Klicks zu jeder Seite gelangen können.

Beim Konzipieren und der (spezifischen) Namensfindung für die Menüpunkte sollte man auch Konventionen folgen. Denn diese sind gelernt und erleichtern Besuchern das Auffinden der richtigen Seite – bekanntlich ein bedeutender Punkt für die positive Nutzererfahrung. Originell und kreativ zu sein ist zwar ein wichtiger Bestandteil einer Internetseite, eines Auftritts, einer Markenbildung und von redaktionellen Texten, aber nicht bei der Namensfindung! Bei der Navigation geht es schlichtweg darum, dass der Nutzer rasch das Richtige findet, so wie in einem Supermarkt, in dem er noch nie war. Also: logischer Aufbau, keine Verwirrung durch ungewöhnliche Begriffe (was allein schon aus Keywordsicht schädlich sein kann) oder selbstverliebte Kategorisierungen.

Eine hierarchische Struktur wird übrigens auch durch die, meist unterschiedlich formatierten, Überschriften und Zwischenüberschriften geschaffen oder durch entsprechende Tags. So finden sich Besucher, das menschliche Auge und Suchmaschinen eben besser zurecht.

Das Beispiel zeigt, wie sich ein übersichtliches Presseportal rasch in einer eigenen Kategorie etablieren lässt. Es ist zudem schneller eingebaut als ein umfangreich angelegter Newsroom.

Exkurs: Holistische Landingpage

Eine Holistische Landingpage ist eine Besonderheit innerhalb eines bestehenden oder geplanten Internetauftritts und besonders sollten auch der Anlass und der Inhalt sein. »Holistisch« steht für ganzheitlich, allumfassend, »Landingpage« bedeutet nichts anderes als Zielseite (nicht jedoch zu verwechseln mit einer Homepage, die aber oft DIE »Zielseite« ist).

Eine Holistische Landingpage richtet man ein, um ein Thema, einen Aspekt umfangreich, oder sogar erschöpfend abzudecken. Dafür würde man sonst eine klassische Kategorie schaffen mit mehreren Unterseiten und Darstellungsformen, doch hier ist alles auf EINER Seite abgebildet und dies innerhalb der vorhandenen Domain. Es ist wie ein Internetauftritt im Kleinen, hineingepackt in eine Seite, die entsprechend beworben, herausgestellt und verlinkt wird, etwa wenn ein Automobilkonzern sich ausgedehnt zur »Dieselthematik« äußern oder die Bundesregierung über die EU-Datenschutz-Grundverordnung mit ihren konkreten Regelungen, Hintergründen, Beispielen, der Historie und so weiter informieren möchte. Die Seite wird dadurch in der Regel sehr lang, denn das Thema soll schließlich komplett erfasst werden. Aus diesem Grund verfügt eine Holistische Landingpage in der Regel auch über ein Inhaltsverzeichnis am Anfang, von dem aus man zu den einzelnen Punkten springen kann. Vor allem sollte natürlich ein kerniger Teasertext stehen.

Eine Holistische Landingpage kann und sollte alle vielfältigen Stilelemente und Formate enthalten wie andere Seiten auch. Zudem ist sie innerhalb der »normalen« Domain untergebracht, hat also keine eigene Internetadresse. Im Gegensatz dazu ist ein »Onepager« wesentlich dünner und schlanker gestaltet. Ein Onepager beinhaltet in der Regel zwar auch besondere, aktuelle, überragende Themen, ist aber deutlich kleiner, kürzer und soll gerade überschaubar sein und sich auf das Wesentliche beschränken. Beide Formate sind sich jedoch ähnlich und sollen Nutzern einen speziellen Mehrwert bieten, der sich wiederum aus der Kommunikationsstrategie, der Themenplanung oder dem Agenda Setting ergibt.

Anlässe für eine Holistische Landingpage können auch Krisenfälle sein, auf die man umfangreich reagieren möchte, aber ebenso klassische positive Motive und vor allem eben Themen, mit denen eine Organisation ihre Kompetenz und Expertise herausstellen möchte oder für die es eine Aktualität und Bedeutung gibt (wie wir wissen, ist dies alles SEO-relevant). Nur sollte die Darstellung wesentlich ausgewalzter sein, etwa so wie ein dicker Wikipedia-Beitrag zu einem bedeutsamen Thema mit zahlreichen Aspekten, beispielsweise »Deutschland«, »Ostsee« oder »Sigmund Freud«. Auch bei Wikipedia ist bekanntlich alles auf einer Seite zu finden, ohne die üblichen Menü-Unterseiten für die einzelnen Facetten.

Holistische Landingpages tragen alle Charakterzüge guter Seiten, die wir in diesem Buch beschreiben (also hinsichtlich Struktur, Inhalt, Stil, Sprache, Vielfalt, Mobile Optimierung und so weiter), sollten jedoch äußerst intensiv und sorgfältig betreut, vor allem auch aktuell gehalten, gepflegt und durchaus stetig ausgebaut werden – schließlich wurden sie für einen besonderen Anlass geschaffen und sollen aus Sicht des Seitenbetreibers eine herausgehobene Wahrnehmung erhalten, natürlich gerade auch durch die Suchmaschinen. Holistische Landingpages sind daher eine gute Möglichkeit für ausgezeichnete Platzierungen, wenn sie die klassischen SEO-Faktoren beachten. Aus diesem Grund sollten sie auch die entscheidenden Keywords enthalten und daraufhin abgeklopft werden. Denn es sind nun einmal Spezial- oder Kampagnenthemen, die firmenintern, weil es der Kommunikationsstrategie entspricht oder für die Markenbildung wichtig ist, eine gehobene Bedeutung haben und entsprechend im Web gefunden werden sollen. Insofern sollte eine Holistische Landingpage entsprechend stark vermarktet, verlinkt und gepusht werden, worauf wir später ausführlich eingehen. Da eine erschöpfende Informationsbefriedigung der Nutzer ein Dreh- und Angelpunkt der Wertschätzung von Google ist, sollte eine Holistische Landingpage auch einen Sonderplatz innerhalb der Suchmaschinenoptimierung und Ihrer Anstrengungen einnehmen. Der Nutzer findet nicht nur Antworten auf eine Frage, sondern idealerweise zu allem, was das Thema, hergibt und verweilt entsprechend lange auf der Zielseite.

Interne Verlinkung

Unentbehrlich bei allen Onpage-Aktivitäten und ein wichtiger Signalgeber ist die interne Verlinkung. Links stehen generell für Empfehlungen, sie leiten den Leser und sollten daher systematisch und geplant eingesetzt werden, damit klar wird, wo es Querbezüge gibt und was die wichtigsten Seiten sind. Das heißt: Auf ausgesprochen interessante und wertvolle, also suchmaschinenrelevante und zu pushende Seiten sollte mehrmals und von verschiedenen Seiten aus verwiesen werden. So erhalten nicht nur die Besucher eine weitere Orientierung und werden automatisch auf die bedeutendsten Angebote geleitet, sondern natürlich auch Google. Die verknüpften Seiten erhalten auf diese Weise Trust und Linkpower, die wiederum von den Seiten, von denen verlinkt wird, vergeben werden. Deren Stärke ist abhängig von ihrer Hierarchie im Gesamtsystem – je höher, desto besser. Die Homepage hat also am meisten Linkpower.

Es versteht sich von selbst, dass auch diese Maßnahme nicht übertrieben, sondern sinnvoll gestaltet werden sollte. Betreiben Sie also kein wildes, häufiges Verlinken wie auf einer russischen Linkfarm, sondern mit Struktur, Prioritätensetzung und vor allem keywordfokussiert; alles Punkte, die auch Google als solche erkennt. Denn ein Link ist eine Empfehlung, etwas, das herausragt, und das ist allein schon von der Wortbedeutung her etwas Besonderes und nichts Wahrloses. Dabei sollte auch auf die Hauptseite zurückverlinkt werden, das macht sie stark.

Conversion-Optimierung

Eine geschäftliche Internetseite ist Bestandteil des Gesamtmarketings und soll einen Beitrag dazu leisten, Aufträge an Land zu ziehen und Umsatz zu generieren. Bei einem Arzt, Rechtsanwalt, Unternehmensberater oder Restaurantbetreiber ist dies oft eher indirekt zu sehen: Die Internetseite sorgt dafür, dass er bekannt wird, gefunden wird und dass man mit ihm Kontakt aufnehmen kann, indem man die Adresse, Telefonnummer, E-Mailadresse oder Öffnungszeiten findet, um daraufhin die Dienstleistungen in Anspruch zu nehmen.

Bei Onlinegeschäften geht es um eine eindeutig definierte Handlung, idealerweise einen Kauf. Eine angestrebte und dann erfolgte Handlung des Nutzers wird als Conversion bezeichnet, also die »Umwandlung« eines unverbindlichen Besuchers (»Ich schau mich nur um ...«) in eine Person, die das tut, was der Seitenbetreiber mit seinem Angebot beabsichtigt. Die Conversion-Rate oder Wandlungsrate dient dabei als Kennziffer, wie viele Conversionen es pro Besucher gegeben hat. Eine Conversion kann ein Kauf sein, eine Registrierung als Kunde, das Bestellen eines Newsletters, je nachdem, was Sie als Betreiber der Internetseite erreichen möchten. Die Conversion-Rate ist eine wichtige Zahl, mit der man den Erfolg einer Internetseite messen kann, nicht im Verhältnis zum finanziellen und personellen Aufwand, aber zu den Besuchern. Dabei versteht es sich von selbst, dass auch Google mitzählt und dies wiederum auch ins Verhältnis zu allgemein üblichen Zahlen und denen der Konkurrenz setzt.

Produktinteresse: Top 10

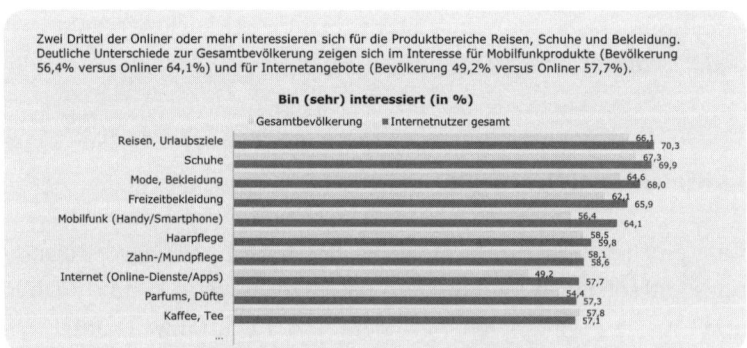

Zwei Drittel der Onliner oder mehr interessieren sich für die Produktbereiche Reisen, Schuhe und Bekleidung. Deutliche Unterschiede zur Gesamtbevölkerung zeigen sich im Interesse für Mobilfunkprodukte (Bevölkerung 56,4% versus Onliner 64,1%) und für Internetangebote (Bevölkerung 49,2% versus Onliner 57,7%).

Bin (sehr) interessiert (in %)

Gesamtbevölkerung ■ Internetnutzer gesamt

	Gesamtbevölkerung	Internetnutzer gesamt
Reisen, Urlaubsziele	66,1	70,3
Schuhe	67,3	69,9
Mode, Bekleidung	64,6	68,0
Freizeitbekleidung	62,1	65,9
Mobilfunk (Handy/Smartphone)	56,4	64,1
Haarpflege	58,5	59,8
Zahn-/Mundpflege	58,1	58,6
Internet (Online-Dienste/Apps)	49,2	57,7
Parfums, Düfte	57,4	57,3
Kaffee, Tee	57,8	57,1

Basis: n=146.438 Fälle (deutschsprachige Wohnbevölkerung in Deutschland ab 14 Jahren) / Zielgruppen: Nutzer stationäre und/oder mobile Angebote (letzte drei Monate) n=141.148 Fälle; Quelle: AGOF e. V. / daily digital facts 02.02.2018 / Auswertungszeitraum: Januar 2018 / Angaben in % / Darstellung der TOP 10 von 74 Produkten (Quelle: AGOF)

Suchmaschinenoptimierung sollte dort, wo es relevant ist, also eine Conversion-Rate-Optimierung (CRO) sein. An deren Ende, denn jeder muss Umsatz machen, sollen aus Besuchern und Interessenten Käufer, Kunden, Patienten, Gäste, Abonnenten, Mandanten und Fans werden.

Eine Conversion-Rate lässt sich dabei nicht für jede Branche oder jede Seite exakt bemessen; auch gibt es Internetseiten, bei denen es keine eindeutige Conversion gibt. Doch für den Großteil der Business-Internetseiten sollte dies gelten. Dabei sollte diese Zahl immer ins Verhältnis zum Zeitverlauf und zu denen der Konkurrenz gesetzt werden, wobei Letzteres in der Regel schwer zu erfahren sein dürfte. Was wir jedoch damit sagen wollen: Es gibt keine allgemein gute Wandlungsrate, sondern es hängt immer von der Branche ab. Bei Onlineauftritten und Offlinedienstleistungen, wie etwa einem Restaurant, kann zudem oft keine Verbindung hergestellt werden zwischen Internetseitenbesuchern und Kunden. Sie werden selten herausbekommen, warum ein neuer Gast in Ihrem Restaurant ist, ob er vielleicht über Ihre Internetseite gekommen ist, ob ihn dort die Speisekarte begeistert hat; es sei denn, Sie fragen ihn beim Abkassieren (was rein vom Standpunkt der Marktforschung aus gesehen eine korrekte Vorgehensweise wäre).

Ein Wirtschaftsverband wiederum möchte sich darstellen gegenüber den Mitgliedern, potenziellen Mitgliedern, der Politik, Fachöffentlichkeit und Journalisten. Hier sind die Absichten der Besucher und auch die Angebote für sie so vielfältig, dass es ebenso schwer sein wird, überhaupt eine genaue Conversion zu definieren. Etwas anderes wäre es freilich, wenn dieser Verband einmal im Jahr eine Branchenkonferenz organisiert und dafür eine eigene Unterseite einrichtet, auf der man sich als Besucher anmelden und die entsprechenden Tickets buchen kann.

Bei der Strukturierung der Seite – wie bei nahezu allen SEO-Schritten – geht es also darum, Conversions zu erzielen und zu erhöhen.

Dies kann unter anderem dadurch erreicht werden, dass man die Nutzerfreundlichkeit erhöht, aber auch zielgerichtet auf die »Conversionsseiten« verlinkt und dort entsprechende Handlungselemente/Buttons einbaut, wie »Newsletter bestellen«, »Als Nutzer registrieren« oder Ähnliches.

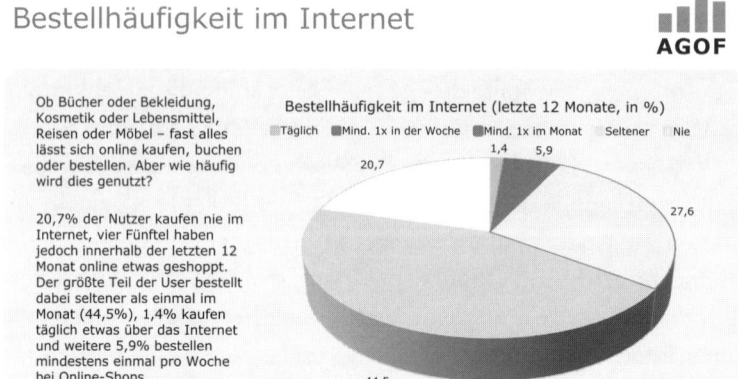

Bestellhäufigkeit im Internet

AGOF

Ob Bücher oder Bekleidung, Kosmetik oder Lebensmittel, Reisen oder Möbel – fast alles lässt sich online kaufen, buchen oder bestellen. Aber wie häufig wird dies genutzt?

20,7% der Nutzer kaufen nie im Internet, vier Fünftel haben jedoch innerhalb der letzten 12 Monat online etwas geshoppt. Der größte Teil der User bestellt dabei seltener als einmal im Monat (44,5%), 1,4% kaufen täglich etwas über das Internet und weitere 5,9% bestellen mindestens einmal pro Woche bei Online-Shops.

Bestellhäufigkeit im Internet (letzte 12 Monate, in %)

Täglich · Mind. 1x in der Woche · Mind. 1x im Monat · Seltener · Nie

1,4 · 5,9 · 20,7 · 27,6 · 44,5

Basis: Nutzer stationäre und/oder mobile Angebote (letzte drei Monate) n=141.148 Fälle; Quelle: AGOF e. V / daily digital facts Q2 Q2 2018 / Auswertungszeitraum: Januar 2018 / Angaben: in % (Quelle: AGOF)

Keywords und deren Bedeutung

Alles, was wir in diesem Buch beschreiben, ist essenziell. Keywords jedoch sind absolut zentral. Denn es sind nun einmal Wörter, die die Suchenden in die Google-Suchmaske eingeben (oder zunehmend hineinsprechen) und Texte, die auf der Internetseite die Suchbegriffe verankern. Die Mechanismen rund um den aufwendigen und umfassenden Einsatz der Keywords, die wir im nun folgenden Abschnitt behandeln werden, sind für das Gelingen von Suchmaschinenoptimierung also besonders bedeutsam.

Viele der Google-Faktoren stärken Ihre Seite, zeigen Ihre Kompetenz oder leiten Nutzer zu Ihnen und verändern idealerweise das

Ranking zu Ihren Gunsten. Keywords tun das auch, stellen aber den Kern der Suche dar, nämlich die Verbindung zwischen der Anfrage und dem Interesse des Nutzers einerseits und den Fundstücken im Internet, zu denen hoffentlich Ihre Seite gehört, andererseits.

Beim gezielten Einsatz von Keywords geht es also darum, zu wissen oder analytisch herauszubekommen, welche Wörter die Anwender nutzen, wenn sie nach Dienstleistungen, Produkten oder Inhalten suchen, die Sie anbieten. Diesen systematischen und relativ langwierigen Prozess von der Analyse und Recherche der Keywords bis hin zum Einbau der Wörter werden wir auf den nachfolgenden Seiten ausführlich beschreiben.

Selbst hemdsärmelige, kreative und pragmatische SEOs kommen nicht daran vorbei, an das Thema Keywords mit einem umfassenden Konzept heranzugehen. Dieser strukturierte Ansatz ist nicht nur nötig, um den Markt, die potenziellen Nutzer und die Konkurrenz zu erforschen, sondern vor allem auch, weil die Keywordrecherche, -auswahl und schließlich das Einpflegen in die Texte einen erheblichen Teil der gesamten SEO-Bemühungen in Anspruch nehmen. Es ist eine Mischung aus Analyse, Kreativität, Probieren und viel Fleißarbeit.

Im Mittelpunkt der Keywordstrategie steht, wie immer, der Nutzer. Er muss vor Ihrem geistigen Auge erscheinen, wie und in welcher Situation er nach Ihren Produkten oder Dienstleistungen sucht. Sie müssen sich in seine Lage versetzen und überlegen, welche Begriffe er in die Suchmaske eingibt, wenn er Sie finden möchte.

Aus der Keywordstrategie, auf der Basis einer ausführlichen Recherche, ergeben sich später die dazu stimmigen Texte auf den Unterseiten. Dort kommen die Keywords hinein und diese Seiten sollen später bei Google angezeigt werden, nachdem ein Nutzer den entsprechenden Begriff eingetippt oder eingesprochen hat.

Viele Keywords sind heiß umkämpft. Gleichzeitig sind einige Branchen, Themen, Regionen und Aspekte unterbelichtet. Sie haben aber trotzdem ihren Markt/ihre Nachfrage, was jeder Webseitenbetreiber wiederum während seiner Recherche identifizieren muss. Hier kann man mit nur wenigen Maßnahmen sehr erfolgreich sein.

Niemand muss sich übrigens bei den Keywords und ihrem späteren Einsatz um den Singular/Plural kümmern, um kleinere Rechtschreibfehler und Varianten, um Deklinationen, Konjugationen und Groß- und Kleinschreibung. All das und auch den Wortstamm kennt Google, und dies in derzeit 130 Sprachen. Sie müssen nur das zentrale Keyword definieren und dieses organisch in die Seite/den Text einbauen.

Der Keywordeinsatz ist so komplex und vielfältig, dass es viele mögliche Herangehensweisen gibt. Eine könnte so aussehen:

➤ Existiert bereits eine Internetseite, ist eine Analyse der aktuellen Lage der Ausgangspunkt. Welche Begriffe stehen dort und wie wird die Seite damit gefunden, also wie rankt sie?

➤ Daran schließt sich die eigentliche Keywordrecherche an. Hierzu sollten sich zunächst die je nach Unternehmensgröße wichtigsten Verantwortlichen zusammensetzen und die für Ihren Bereich wesentlichen Begriffe zusammentragen. Dies sollten richtig viele Wörter sein! Beschränken Sie sich also darauf, erst einmal zu sammeln und zusammenzutragen.

➤ In einem nächsten Schritt sortieren Sie die Begriffe, fassen sie zusammen und bewerten sie, woraufhin die Keywords sinnvoll ausgewählt werden – entsprechend den thematischen Unterseiten, die man haben will – oder rauswerfen. Die Keywordbewertung zeigt, wo Chancen bestehen oder wo das Feld schon abgegrast ist.

➤ Dieser Prozess kann ausufern. Hinzu kommt, dass ein Begriff zum nächsten führt und man permanent Anregungen erhält. So wichtig und langwierig diese Phase auch ist, man muss trotzdem schauen, wie man praktikabel vorgeht und die Zeit sinnvoll einsetzt. Irgendwann kommt man an einen Punkt, wo man einen Schnitt machen muss. Daher ist ein systematisches Vorgehen mit klaren Bewertungskriterien und -kennziffern äußerst wichtig.

Dies ist die Kurzfassung, um zu einer Keywordstrategie zu kommen, die auch die generelle inhaltliche Marschrichtung (also den Content) für Ihr Projekt vorgibt, und nun folgt die ausführliche Version.

Vorweg: Sie müssen bei der gesamten Tätigkeit Prioritäten setzen, Ihrer Arbeitszeit wegen, aber auch, weil Google Struktur mag und nicht Beliebigkeit. Der Google-Crawler, die Nutzer oder die linkgebende Internetseite werden nicht Hunderte Ihrer Unterseiten attraktiv finden, sondern nur eine Auswahl. Deshalb heißt es auch »key«words und nicht nur »words«. All diese Dinge müssen Sie berücksichtigen, aber Sie sollten sich am Anfang auch nicht bremsen und einengen. Es gilt, die richtige Balance zu finden und am Ende zu filtern.

Ziel beim Bauen oder Renovieren einer Seite ist es, dass sich jedes Keyword auf einer dafür erstellten Unterseite wiederfindet, und zwar thematisch sinnvoll zusammengefasst und durchaus wiederholt, damit der Google-Crawler es auch als Signalwort identifizieren kann. Hierzu ein Hinweis: Keywordstuffing ist tödlich. Aber dies heißt nicht, nun ins andere Extrem zu verfallen, auf dass die wichtigsten Begriffe nur noch einmal vorkommen sollen. Das wäre genauso töricht. In einem natürlichen Text erscheinen die wichtigsten Begriffe mehrmals und in Varianten. So sollten Sie auch schreiben und nicht übervorsichtig werden, weil Sie gehört haben, dass Keywordstuffing nicht mehr angesagt ist. Und diese Suchbegriffe sollten übrigens auch in die Überschrift, Zwischenüberschrift, einen Teasertext und in die Bildunterschrift aufgenommen werden.

Erster Schritt: Analyse des aktuellen Zustands

Die wenigsten Internetprojekte fangen bei null an. Wenn wir Projekte übernehmen, um die Auffindbarkeit einer Seite zu verbessern, steht selbstverständlich eine ausgiebige Begutachtung des aktuellen Zustands und vor allem auch die Verteilung der Rankings bezogen auf die wichtigsten Keywords mit an erster Stelle.

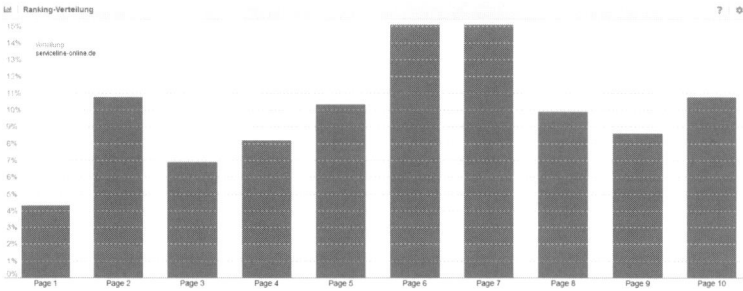

Rankingverteilung (so viel Prozent aller Keywords finden sich jeweils auf den Seiten 1 bis 10) am Beispiel von serviceline-online.de; Quelle: Sistrix

Die oben angezeigte Übersicht zeigt die ursprüngliche Ranking-verteilung unseres Kunden Serviceline: Ein Großteil der Rankings befand sich noch nicht sichtbar auf der ersten Suchergebnisseite von Google, sondern lag vor allem auf den hinteren Seiten vergraben. Diese Platzierungen boten allerdings eine gute Grundlage für weitere SEO-Maßnahmen – und um zu (weiteren) Top-10-Rankings zu gelangen.

Die nächste Übersicht zeigt die Anzahl an, zu wie vielen Keywords serviceline-online.de in Google gefunden wurde. In den Top 100 wurden zum Analysezeitpunkt 258 Keywordrankings gefunden (rote Kurve), jedoch nur 14 relevante Rankings in den Top 10 (blaue Kurve). Ziel sollte es daher sein, relevante Keywordrankings in den Top 10 massiv zu erhöhen. Der deutliche Anstieg bei den Top 100 hatte offenbar zu einer trügerischen Sicherheit geführt. Doch diese Zunahme war für sich genommen nichts Positives, stand sie ja gerade dafür, dass sich im Top-10-Bereich nichts tat.

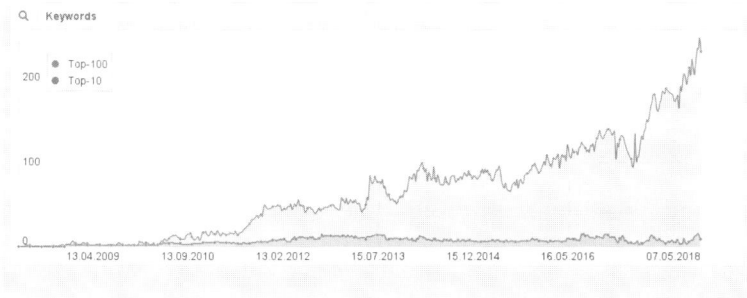

Entwicklung der Keywordperformance am Beispiel von serviceline-online.de; Quelle: Sistrix

Die folgende Übersicht illustriert die Anzahl, mit wie vielen URLs serviceline-online.de in Google gefunden wurde. Die Entwicklung der rankenden URLs korrespondiert mit dem Stand der Keywords in der vorherigen Abbildung: Die Seite besitzt 90 URLs mit Top-100-Ranking, aber nur fünf URLs mit Top-10-Platzierung.

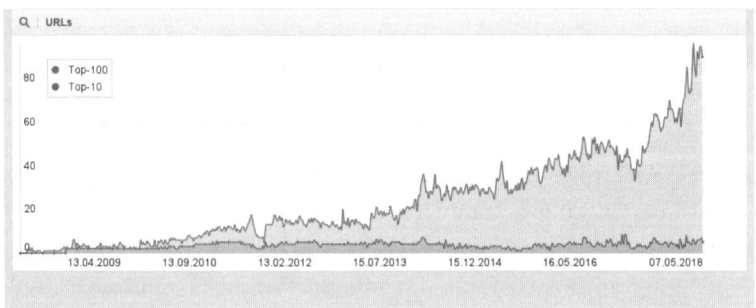

Entwicklung der URL-Performance am Beispiel von serviceline-online.de; Quelle: Sistrix

Nach der Gewinnung dieser Erkenntnisse aus dem Ist-Zustand setzen die weiteren Überlegungen, Recherchen und Entscheidungen an.

Keywordstrategien: vom Shorthead zum Longtail

Nur die wenigsten Suchanfragen beinhalten ein Wort. Eine Statistik, wie sich die Anzahl der Keywords verteilt, hilft Ihnen jedoch nicht weiter. Denn es gibt keine optimale Länge von Keywords. Die Schlagwörter sind lediglich die Phrasen, die die Suchenden je nach Anliegen in die Suchmaschine eingeben – und auf die der entsprechende Content optimiert werden sollte.

Auf der anderen Seite sind mehrere Suchbegriffe oft die einzige Chance, sich von Wettbewerbern abzuheben und Umsatz zu machen. Nur der Begriff »Ferienwohnungen« nutzt Ihnen als Privatanbieter einer solchen nichts, da Ihre Ferienwohnung an einem spezifischen Ort steht. »Ferienwohnung Rügen« ist schon besser, doch ist dies immer noch nicht präzise genug. Eine reale Suchanfrage dürfte den konkreten Ort umfassen und zusätzlich ein, zwei Details, wie etwa »Ferienwohnung Binz Meerblick mit Hund«. Solch eine Eingabe nennt sich Longtail; einzelne Begriffe wie »Ferienwohnung«, die

es natürlich auch gibt, schließlich existieren Ferienwohnungsplatt-
formen, sind Shortheads.

Shorthead-Keywords vereinigen auf sich ein hohes Suchvolumen
(werden also oft gesucht), haben aber gleichzeitig auch viel Konkurrenz. Sie sind oft das generische Stichwort für die jeweilige Branche
oder Thematik. Während also auf Shortheads die meisten Suchanfragen entfallen und sie oftmals mächtig umkämpft sind, zeigt unser
aktuelles Beispiel, dass es trotzdem nur wenig Sinn ergibt, auf »Ferienwohnung« zu optimieren, sondern zumindest auf »Ferienwohnung
Ostsee«, »Ferienwohnung Rügen« oder gar »Ferienwohnung Binz«.

**Gerade bei Ferienwohnungen präsentiert Google selbst auf großen Bild-
schirmen erst einmal nur Anzeigen. Zu den SEO-Gewinnern muss man
scrollen. (Quelle: Google)**

Die Chance, mit einem spezifischen Keyword auch einen zahlenden
Kunden zu finden, ist dabei höher. Zudem steigt unserer Meinung
nach die Chance, wenn Longtail-Wörter genutzt werden. Denn
Shorthead-Keywords bedeuten unter anderem auch, dass der Käufer noch nicht genau weiß, wonach er sucht und er sich noch nicht
entschieden hat.

Sie müssen also eine Abwägung vornehmen, unter anderem gespeist aus der Analyse der durchschnittlichen Suchanzahl auf Google und Ihrer Einschätzung des Verhaltens Ihrer Zielgruppe. In jedem Fall wären in unserem Beispiel alle drei Beispielaspekte »Meerblick«, »mit Hund« oder »Strandpromenade« gleichzeitig relevant (das entsprechende Angebot vorausgesetzt) und noch viele Attribute mehr. Zu allen Suchbegriffen könnten theoretisch Unterseiten gebaut werden (darauf kommt es am Ende an), auf denen der Autor das Thema herausstellt, also die Keywords optimiert.

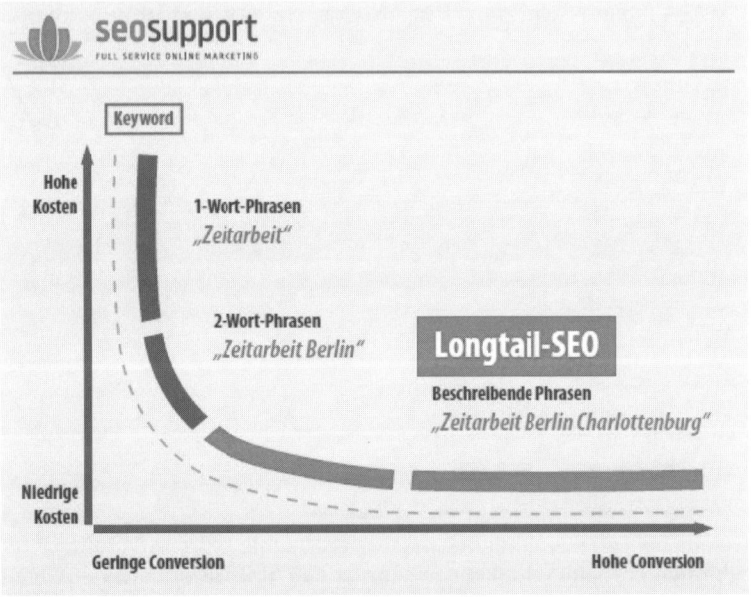

Der Longtail bezeichnet also alle Suchbegriffe abseits der großen, stark umkämpften Keywords. Hierzu haben wir ein anderes Beispiel aus unserer Praxis, das wir gleich detailliert beschreiben: Für eine Seite einer Berliner Zeitarbeitsfirma werden die meistgesuchten Keywords unter anderem wohl »Zeitarbeit« oder »Zeitarbeit Berlin« und Ähnliches sein. Diese werden vergleichsweise oft gesucht und der Betreiber erhält viele Besucher darüber.

Das Gegenstück zu diesen Keywords sind Suchbegriffe wie etwa »Zeitarbeit Berlin Charlottenburg«.

Bei der wichtigen Longtail-Strategie ist es das Ziel, zu verschiedenen möglichen Begriffskombinationen in den Suchergebnissen vertreten zu sein und darüber zusätzliche Besucher und Anfragen zu generieren. Anhand des Keywordkatalogs und der Priorisierung der Begriffe sind dann neue SEO-Landingpages zu erstellen. Somit können viele unterschiedliche Themen abgedeckt werden und den Besuchern einen inhaltlichen Mehrwert bieten.

Keywordrecherche

Mit einer absolut notwendigen Keywordrecherche identifizieren Seitenverantwortliche Suchbegriffe, mit denen Besucher auf die Seite geführt werden sollen. Das heißt, dass diese Keywords von den Suchenden entsprechend oft genutzt werden und die Entscheider die dazu passenden Unterseiten und Inhalte kreieren und optimieren.

Lehnen Sie sich also einmal zurück und beraumen Sie ein Meeting ein, auf dem alle relevanten Kollegen über etwaige Begriffe nachdenken und brainstormen. Dies ist der Beginn einer langen Reise auf den Grund Ihrer Organisation und zur Seele Ihrer Kunden. Im Mittelpunkt steht hierbei der Nutzer und die Frage, was er wohl in die Suchmaske eingeben würde, um schließlich auf Ihre Seite zu gelangen. Für was steht Ihre Firma, welche Inhalte und Aspekte sind wichtig? Dabei liegt es auf der Hand, dass Sie sich in die Lage des Nutzers hineinversetzen sollten und auch in die entsprechende Situation, Saison, Tageszeit und so weiter. Denn der Ausgangspunkt ist eine Anfrage, ein Bedürfnis, das befriedigt werden soll, sei es durch eine informative Antwort oder ein Produkt/eine Dienstleistung. Je nach Branche ist es wichtig, auch Synonyme zu finden – oder jene

Begriffe, die andere nutzen würden. Bei einer Suchmaschinenoptimierung für einen Zeitarbeitsverband beispielsweise nutzt es nichts, nur auf das Wort »Zeitarbeit« zu optimieren, das den PR-Verantwortlichen genehm ist. Denn die große Masse nutzt den politischen Kampfbegriff »Leiharbeit«. Auch und möglicherweise gerade dort möchte die Organisation schließlich gefunden werden. Der Zeitarbeitsverband, der das Wort »Leiharbeit« nie in seinen Stellungnahmen nutzen würde, könnte genau diese Diskussion um den Begriff in einem Blogbeitrag thematisieren oder ein Glossar erstellen mit den aus seiner Sicht unterschiedlichen politischen Bedeutungen des Worts, das offiziell und arbeitsrechtlich übrigens »Arbeitnehmerüberlassung« heißt.

Für die Keywordrecherche müssen Sie je nach Budget, Projekt, Größe und Vielfalt der Institution/des Unternehmens und Produktpalette tief einsteigen, um alles abzubilden (wir werden später in einem eigenen Exkurs noch auf die spezielle Organisation von Großprojekten kommen: Enterprise SEO). Dabei wird jeder vom Hundertsten ins Tausendste gelangen und je nach Produkt auch den saisonalen Jahresverlauf im Blick haben müssen. Gerade am Anfang sollte sich niemand beschränken, am Ende muss man dagegen bewerten und sinnvoll priorisieren. Für viele der von uns skizzierten Schritte gibt es Tools, die wir entsprechend erwähnen.

Je nach Dimension und Ausrichtung des Unternehmens ist es ratsam, die verschiedenen Ebenen, Aspekte, Angebote und Produkt-/Dienstleistungskategorien, die später oder bereits jetzt schon für wichtige Menüpunkte stehen, durchzugehen. Allein hieraus können Dutzende, ja Hunderte Keywords entspringen.

Die entscheidenden Keywords haben Sie sicher längst parat. Um jedoch die Menge zu erhöhen und Varianten zu erhalten, sollten sich mehrere Leute daran beteiligen. Man könnte in Gedanken Kundengespräche durchgehen oder beispielsweise auch die Korrespondenz.

Überall dort finden sich Anregungen für Suchbegriffe und Suchabsichten (Intentionen), die die Sammlung der Keywords schnell anschwellen lassen. Suchen Sie hier unbedingt auch nach Longtail-Keywords, die für Ihre Organisationen zutreffen. Abschließend werden die gefundenen Begriffe sinnvoll geordnet und nach Kategorien sortiert (die der thematischen Struktur Ihrer Internetseite entsprechen), etwa in einer Excel-Tabelle.

Bekanntlich generiert Google den Löwenanteil seiner Einnahmen durch Anzeigen. Um Anzeigenkunden dabei zu unterstützen und zu animieren, möglichst die besten und immer wieder neue, variierte Suchbegriffe einzusetzen (die dann in den Google-Anzeigen kostenpflichtig geklickt werden), gibt es das Tool »Keyword-Planer«. Es findet sich innerhalb der Google-Anzeigenplattform *Google AdWords*. Nach einer kurzen, unverbindlichen und kostenlosen Anmeldung kann es aber jeder für seine Zwecke verwenden. Um detaillierte Zahlen zu erhalten, muss man allerdings eine Anzeigenkampagne einrichten und auch aktivieren. Leider ist dieses Tool nicht so intuitiv und nutzerfreundlich wie viele andere Angebote des Konzerns.

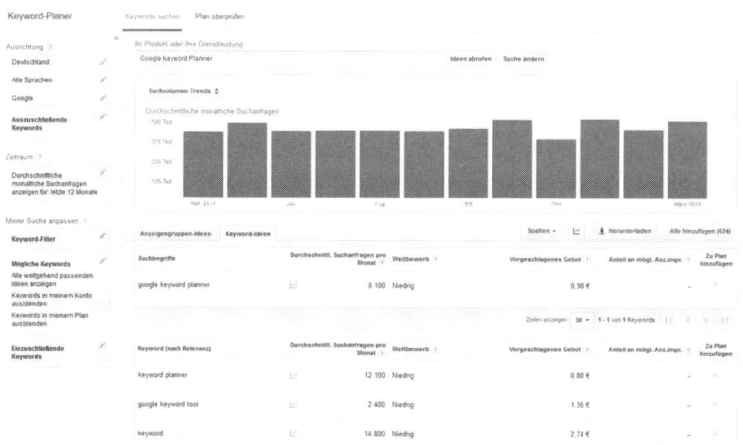

Der Keyword-Planer zeigt für einzelne, dort eingegebene Begriffe und Wortgruppen die dazugehörigen Synonyme, Varianten und verwandten Wörter an, die ebenfalls in die Liste kommen (selbstverständlich bietet Google eine Excel-Datei zum Herunterladen an). Außerdem gibt es dort die Möglichkeit, die Domain der eigenen oder anderer (Konkurrenz-)Internetseiten einzugeben, woraufhin der Keyword-Planer diese »scannt« und ebenso wichtige Suchbegriffe ausspielt. Hierbei wird es Überschneidungen geben, aber sicherlich auch etliche Begriffe, auf die Sie noch nicht gekommen waren. All die Ergebnisse werden kopiert und in der zentralen Liste sortiert, idealerweise auf der Basis der Google-Excel-Liste. Diese Abfrage wird für alle Ihre ursprünglichen Begriffe und Kategorien durchgeführt und auch mit den inzwischen neu entdeckten Wörtern. Selbst dafür gibt der Ideengenerator neue Variationen aus.

Auch bei kleineren Organisationen kann diese Arbeit durchaus einen Tag in Anspruch nehmen; bei größeren Institutionen noch viel mehr (der Keywordeinbau bei Großprojekten, oft Onlineshops, folgt eigenen Regeln, dazu mehr im Kapitel »Enterprise SEO«). Wichtig ist, bei jedem Ergebnis sofort zu erfassen, wie relevant und nützlich die (neuen) gefundenen Begriffe sind, aber natürlich wird es auch etliche Redundanzen geben. Sie müssen beim Sammeln gleichzeitig aussortieren, sonst wird die Liste nicht nur zu voll, sondern ist auch gefüllt mit vielen unwichtigen Wörtern und Kombinationen.

Die Vorschlagsfunktion in der Google-Suche ist eine weitere Quelle von Ideen. Diese Autovervollständigung fügt einem eingegebenen Begriff einen weiteren/weitere hinzu, weil nach diesen Kombinationen entsprechend oft gesucht wird.

Falls es Dutzende oder gar Hunderte Begriffe gibt, für die gegebenenfalls die Vervollständigungsfunktion infrage kommt, können entsprechende Programme genutzt werden, die einem die mühsame Handarbeit abnehmen, etwa »Übersuggest«. Anregungen für weitere Begriffe und Synonyme kann man sich auch bei keywordtool.io holen, oder wenn man bei Google »longtail guru« eingibt oder etwa durch die einschlägige Thesaurusfunktion von Microsoft Word. Während des gesamten Prozesses müssen auch die Wettbewerber begutachtet werden wie bei dem folgenden Beispiel von mytrauringstore. Bereits durch eine simple Google-Suche ist dort erkennbar, wer erfolgreich ist und warum, also mit welchen Begriffen, und wo es Überschneidungen gibt. Auch das Sistrix-Tool bietet diese Funktion an.

Keyword: **kfz pfandhaus**

VOLUME	390	CPC	€6.8	COMPETITION	0.14

583 gefundene Keyword-Ideen für kfz pfandhaus

KEYWORD SUGGESTIONS	KEYWORD		SUCHVOLUMEN	CPC		WETTBEWERB
I want to see keyword suggestions from	auktionshaus kfz	20		€ 0.84	0.48
✓ Google Keyword Planner	auto als pfand	210		€ 8.24	0.03
✓ Google Suggest	auto als pfand und weiterfahren	20		€ 4.97	0.86
	auto auktion bayern	50		€ 0.32	0.6
ERGEBNISSE FILTERN	auto auktion nürnberg	50		€ 0.68	0.54
Keywords in den Suchergebnissen finden	auto bargeld	10			0.29
	auto belehnen	10			
GEHEN	auto beleihen	480		€ 12.15	0.33

Keyword-Ideen am Beispiel von pfando.de, Quelle: Ubersuggest

Alle neu gefundenen Begriffe, die Seitenverantwortliche für sinnvoll und relevant erachten, sollten sie ebenfalls in den ideengenerierenden Keyword-Planer von Google eingeben, worauf man erneut eine entsprechende Vorschlagsliste erhält. Das ist sehr viel Kärrnerarbeit, wobei jeder stets die Balance beachten muss, zwischen »sich verzetteln« und »nützliche neue Keywords finden«.

Gemeinsame Keywords mit der Konkurrenz

	pfando.de	autopfand-profi.de	my-autopfand.de
pfando.de	131	47	12
autopfand-profi.de	47	193	11
my-autopfand.de	12	11	13

Konkurrenzanalyse pfando.de, Quelle Sistrix

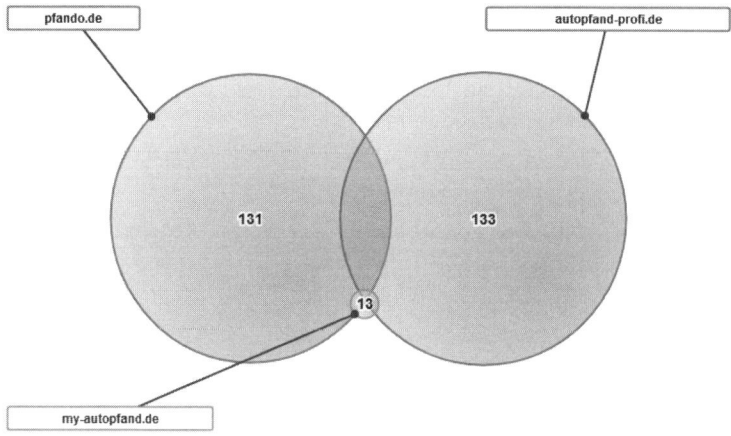

Rankende Keywords am Beispiel von pfando.de und Überschneidungen mit der Konkurrenz; Quelle: Sistrix

Bewerten und Prioritäten setzen

Ist die Sammlung abgeschlossen – wobei man das so absolut nie sagen kann, Ihnen werden immer wieder neue Wörter einfallen, und man muss ohnehin ständig auf dem Laufenden bleiben –, geht es ans Priorisieren der Keywords. Zu manchen von ihnen werden Sie sicherlich eigene Einschätzungen haben. Die harten Fakten hierzu liefert Ihnen jedoch Google. Schließlich möchte jeder wissen, wie wichtig die einzelnen Begriffe im Sinne der Suchmaschinenoptimierung sind, also wie oft diese Schlagwörter gesucht werden und wie groß schlichtweg ihr Potenzial ist. Google weiß dies natürlich und zeigt das Suchvolumen (»Durchschnittliche Suchanfragen pro Monat«) und Traffic für jedes Wort an – und zwar bereits während des im vorigen Absatz beschriebenen Schritts. Der Übersichtlichkeit wegen beschreiben wir jedoch erst jetzt diesen Punkt. Nachdem also sortiert und aufgeräumt wurde und viele Begriffe verworfen worden sind, widmen Sie sich der Bewertung Ihrer Sammlung. Schließlich will man wissen, wie aussichtsreich die Suchbegriffe sind und ob es sich überhaupt lohnt, auf ein bestimmtes Keyword zu optimieren und dafür eine Unterseite einzurichten.

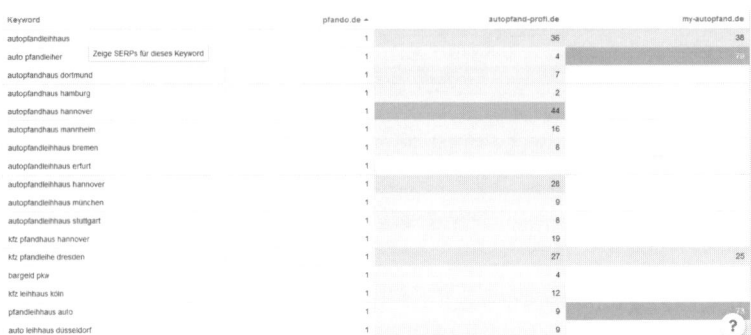

Position 1-Rankings von pfando.de im Vergleich zur Konkurrenz; Quelle: Sistrix

Es gibt mehrere Betrachtungsweisen und -faktoren, die anzeigen, was Suchbegriffe leisten: Suchvolumen, Conversionsnähe, den Wettbewerb, wie eindeutig ein Keyword ist, auch in Hinblick auf eine bestimmte Suchintention und Ihre aktuelle Position im Ranking eines Suchbegriffs. Doch wie im gesamten Buch wollen wir uns auch bei diesem Punkt auf das Wesentliche konzentrieren. Entscheidend sind für die große Masse der zu optimierenden Seiten aus unserer Sicht nur zwei Faktoren: Suchvolumen und Conversionsnähe.

Praktischerweise gibt also der Keyword-Planer von Google das durchschnittliche monatliche Suchvolumen der vergangenen zwölf Monate für jeden Begriff gleich mit an. Diese Rubrik ist daher bereits Bestandteil Ihrer Tabelle, wenn Sie sie über den Keyword-Planer erstellt haben. Es lässt sich dort jedoch auch das Suchvolumen einzeln oder für mehrere Begriffe abfragen und diese in einer Liste notieren. Die absoluten Werte beim Suchvolumen schwanken enorm nach Thema oder Branche (und sie werden Ihnen angesichts von mehr als 80 Millionen Deutschen durchaus gering vorkommen). Bedeutsam ist nur der Vergleich innerhalb einer bestimmten Kategorie einander zugehöriger Wörter, mit dem man bestimmen kann, welche Wörter man behalten und welche man herauswerfen will. Einen wichtigen Hinweis darauf, wie stark ein Schlagwort ist oder es zumindest vom Wettbewerb gesehen wird, liefert der Klickpreis bei Google (Cost-per-Click, CPC). Auch dies sollte in Ihre Entscheidung einfließen.

Die Priorisierung nach Suchvolumina ist ein zentraler und objektiver Faktor. Zentral für ein Business ist jedoch, ob es eine Conversion gibt. Dies muss jeder selbstständig bewerten. Es gibt keine Hilfsmittel dafür, wie nahe ein Begriff an einer Conversion ist. Vielmehr sollte man den eigenen Verstand/die Erfahrung nutzen. Grundsätzlich gilt: Je konkreter ein Suchterm ist (longtail), umso größer die Conversionsnähe.

Glücklicherweise ist unsere Liste im ersten Auswahlschritt bereits geschrumpft, nun sollten Sie mit der »Conversionsbrille« entscheiden, wie wesentlich ein Keyword ist. Nochmal: Hier geht es um eine Priorisierung, die Ihnen hilft, Ihre Ressourcen sinnvoll einzusetzen und den Google-Crawler und Traffic konzentriert auf Ihre Seiten zu lotsen. Man kann unmöglich auf alle Wörter optimieren und dafür Texte schreiben. Deshalb soll dieses Kriterium zusätzlich helfen – immer natürlich entsprechend den Keywordfamilien und Kategorien.

Keyword	Pos.	Such-vol.	Ø Adwords CPC	Value Score
ringgröße	42	18100	0,20 €	3620
partnerringe	45	9900	1,01 €	9999
ringgrößentabelle	13	5400	0,42 €	2268
silberringe	88	3600	0,66 €	2376
ringgröße ermitteln	28	2900	0,44 €	1276
trauringe weißgold	57	2400	1,71 €	4104
edelstahlringe	82	1900	0,82 €	1558
ehering welche hand	60	1600	3,80 €	6080
titanringe	30	1300	1,03 €	1339
breuning trauringe	19	1300	0,85 €	1105
palladium ringe	47	880	1,13 €	994,4
platinringe	81	880	1,10 €	968
partnerringe mit gravur	49	880	0,92 €	809,6
eheringe titan	80	720	1,51 €	1087,2
memoire ring	83	720	0,83 €	597,6
wolfram ringe	26	590	1,09 €	643,1
ringschablone	17	590	0,49 €	289,1
platin eheringe	87	480	1,51 €	724,8
freundschaftsringe mit gravur	52	480	0,73 €	350,4
verlobungsringe gold	82	390	2,62 €	1021,8
ringe weißgold	83	390	1,81 €	705,9
weißgoldringe	24	390	1,41 €	549,9
titan eheringe	57	390	1,26 €	491,4
johann kaiser	17	390	0,22 €	85,8
verlobungsring gold	53	320	2,88 €	921,6
eheringe online	87	320	1,66 €	531,2
eheringe rotgold	35	320	1,38 €	441,6
trauringe rotgold	58	320	1,28 €	409,6
rotgold ringe	33	320	1,11 €	355,2
titanring	99	320	0,72 €	230,4

Keyword	Pos.	Such-vol.	Ø Adwords CPC	Value Score
traumringe	82	320	0,52 €	166,4
eheringe weissgold	87	260	1,59 €	413,4
weissgoldringe	33	260	1,42 €	369,2
trauringe weissgold	59	210	1,80 €	378
palladium trauringe	85	210	1,25 €	262,5
hochzeitsringe gold	94	210	1,24 €	260,4
freundschaftsringe edelstahl	56	210	0,77 €	161,7
ringgrößen tabelle	25	170	0,67 €	113,9
memoirering	97	140	0,89 €	124,6
hochzeitsringe platin	50	110	2,04 €	224,4
trauring gravur	61	110	1,69 €	185,9
ringmaßtabelle	48	110	0,27 €	29,7
tungsten ring	80	90	0,38 €	34,2
freundschaftringe	38	70	1,14 €	79,8
trauring rotgold	84	70	1,04 €	72,8
partnerringe wolfram	34	50	0,96 €	48
traumring	62	50	0,29 €	14,5
richtige ringgröße	60	50	0,27 €	13,5
trauring online	74	40	1,99 €	79,6
trauringe online bestellen	71	40	1,37 €	54,8
trauringe shop	96	30	2,89 €	86,7
concept line	48	30	0,00 €	0
handgefertigte ringe	51	20	0,53 €	10,6
weißgold gelbgold	71	10	2,16 €	21,6
partnerringe aus silber	37	10	0,99 €	9,9

Potenzialanalyse und Rankingchancen, auf der Basis bestehender Rankings

Abschließend sollten Sie alle Wörter nach Plausibilität überprüfen, ob sie sprachlich stimmig und auch nicht doppeldeutig sind, was naturgemäß zu Missverständnissen führen kann: Wer als Nutzer »Sansibar« eingibt, möchte vielleicht im Indischen Ozean Urlaub machen – oder das gleichnamige Restaurant auf Sylt besuchen. Google spiegelt diese Mehrdeutigkeit wider: Das erste deutschsprachige Suchergebnis dreht sich nicht um die originale Namensgeberin vor der Küste Ostafrikas, sondern das berühmte Lokal. Erst ab Platz zwei geht es um die vermeintliche Trauminsel. Bereits in der Autovervollständigung taucht prominent »sansibar sylt« auf.

Mit »Zanzibar« wäre das nicht passiert: Noch vor der Insel erscheint im deutschsprachigen Google bei »Sansibar« das berühmte Lokal, sogar vor Wikipedia. SEO-technisch gesehen ein Ritterschlag (Quelle: Google).

Auch die jeweiligen Suchabsichten sind von Belang, dieser Part sollte nicht unterschätzt werden: Wer etwa den Begriff »Public Relations« eintippt, mag eine PR-Agentur suchen. Vielleicht ist es aber auch ein Kommunikationsstudent, der gerade eine Semesterarbeit zu diesem Thema schreibt. Unter anderem aus diesem Grund sind Wortkombinationen (*longtail*) wichtig, also etwa »Public Relations München«. Oft bringt erst das zweite, dritte oder vierte Wort

Klarheit in die Suche, was auch der Suchende weiß und gelernt hat und dies entsprechend in die Suchmaske eintippt.

Wer immer noch das Gefühl hat, dass die Prioritätensetzung nicht ganz rund ist, der kann den Prozess zusätzlich verfeinern, indem er sich die aktuellen Rankingpositionen der Wörter anschaut (siehe obiges Beispiel). Natürlich dürfte längst klargeworden sein, welche Keywords für das Geschäft wichtig sind. Für jene Seitenbetreiber, die aber immer noch um ihre Ressourcen kämpfen, da erst nach dem Erstellen der Liste die eigentliche Arbeit beginnt, kann es sinnvoll sein, sich anzuschauen, mit welchen Begriffen sie möglicherweise im Ranking oben vertreten sind, wo unter »ferner liefen« und wo ein Schlagwort gegebenenfalls an der Schwelle zur ersten Seite steht oder auf Position fünf liegt. Dies könnte dann, relativ starkes Suchvolumen und Conversionsnähe vorausgesetzt, eine zusätzliche Entscheidungshilfe sein.

Priorität heißt, unwichtige Wörter löschen und für die anderen beispielsweise eine Punkteskala von 1 (sehr wichtig) bis 3 (weniger wichtig) oder sogar nur 1 (wichtig) und 2 (unwichtig) finden. Denken Sie an das berühmte Paretoprinzip, das besagt, dass sich mit 20 Prozent des Aufwands 80 Prozent der Ergebnisse erzielen lassen. Ähnlich ist es auch hier – es sei denn, man hat schon vorher kräftig gefiltert und jetzt sind nur noch die starken Begriffe übriggeblieben. Existiert immer noch eine große, aber relevante Auswahl, sollte Ihnen bewusst sein, dass Sie auch hier mit wenigen Keywords die meisten Ergebnisse erzielen dürften; man also zumindest dort zunächst seine Kräfte konzentrieren sollte, auch wenn die Optimierung der anderen Begriffe im weiteren Verlauf ebenso wichtig erscheint. Diese Gemengelage sollte jeder – abhängig davon, wie stark vorher bereits sortiert worden ist – beachten.

Dabei ist natürlich der Kontext entscheidend. Selbst alle wichtigen Keywords einer Seite haben je nach Gruppe unterschiedliche Daten.

Gleiches gilt für eine mögliche Conversion, wenn ein Unternehmen unterschiedlich teure Produkte oder Gewinnmargen hat. Wenig Traffic auf ein teures Produkt oder ein langfristiges Abo können sich lohnen, nur muss man dies eben ins Verhältnis zum Aufwand und zur Konkurrenzsituation setzen.

Wichtig ist an dieser Stelle, es sich nicht zu kompliziert zu machen, schließlich geht es um das pragmatische Vorankommen in einem Projekt. Wer allerdings rechnen möchte (auch, weil man vielleicht anderen dazu Rechenschaft ablegen muss oder sich nicht anders entscheiden kann), sollte etwa aus den beiden Aspekten, Suchvolumen und Conversionsnähe, eine Formel bilden und beispielsweise den Durchschnitt berechnen – oder bei unterschiedlicher Gewichtung mit dem entsprechenden Faktor.

Für den Start der Optimierung empfehlen wir bei unserem Trauringe-Beispiel eine Auswahl aus den folgenden Keywords:

seosupport
FULL SERVICE ONLINE MARKETING

Keyword	Pos.	Suchvol.	ø Adwords CPC	Value Score
ringgröße	42	18100	0,20 €	3620
partnerringe	45	9900	1,01 €	9999
ringgrößentabelle	13	5400	0,42 €	2268
silberringe	88	3600	0,66 €	2376
ringgröße ermitteln	28	2900	0,44 €	1276
trauringe weißgold	57	2400	1,71 €	4104
edelstahlringe	82	1900	0,82 €	1558
ehering welche hand	60	1600	3,80 €	6080
titanringe	30	1300	1,03 €	1339
breuning trauringe	19	1300	0,85 €	1105
palladium ringe	47	880	1,13 €	994,4
platinringe	81	880	1,10 €	968
partnerringe mit gravur	49	880	0,92 €	809,6
eheringe titan	80	720	1,51 €	1087,2
memoire ring	83	720	0,83 €	597,6
wolfram ringe	26	590	1,09 €	643,1
ringschablone	17	590	0,49 €	289,1
platin eheringe	87	480	1,51 €	724,8
freundschaftsringe mit gravur	52	480	0,73 €	350,4
verlobungsringe gold	82	390	2,62 €	1021,8
ringe weißgold	83	390	1,81 €	705,9
weißgoldringe	24	390	1,41 €	549,9
titan eheringe	57	390	1,26 €	491,4
johann kaiser	17	390	0,22 €	85,8
verlobungsring gold	53	320	2,88 €	921,6
eheringe online	87	320	1,66 €	531,2
eheringe rotgold	35	320	1,38 €	441,6
trauringe rotgold	58	320	1,28 €	409,6
rotgold ringe	33	320	1,11 €	355,2
titanring	99	320	0,72 €	230,4
traumringe	82	320	0,52 €	166,4
eheringe weissgold	87	260	1,59 €	413,4
weissgoldringe	33	260	1,42 €	369,2
trauringe weissgold	59	210	1,80 €	378
palladium trauringe	85	210	1,25 €	262,5
hochzeitsringe gold	94	210	1,24 €	260,4
freundschaftsringe edelstahl	56	210	0,77 €	161,7
ringgrößen tabelle	25	170	0,67 €	113,9
memoirering	97	140	0,89 €	124,6
hochzeitsringe platin	50	110	2,04 €	224,4
trauring gravur	61	110	1,69 €	185,9
ringmaßtabelle	48	110	0,27 €	29,7
tungsten ring	80	90	0,38 €	34,2
freundschaftringe	38	70	1,14 €	79,8
trauring rotgold	84	70	1,04 €	72,8
partnerringe wolfram	34	50	0,96 €	48
traumring	62	50	0,29 €	14,5
richtige ringgröße	60	50	0,27 €	13,5
trauring online	74	40	1,99 €	79,6
trauringe online bestellen	71	40	1,37 €	54,8
trauringe shop	96	30	2,89 €	86,7
concept line	48	30	0,00 €	0
handgefertigte ringe	51	20	0,53 €	10,6
weißgold gelbgold	71	10	2,16 €	21,6
partnerringe aus silber	37	10	0,99 €	9,9

Empfohlener Keyword Fokus

In der obigen Tabelle sehen Sie neben der jeweiligen Suchkombination auch das monatliche Suchvolumen und den Klickpreis für *Google AdWords* – beides entscheidende Kriterien bei der Auswahl und Festlegung der Keywords.

Jeder sollte dabei auch ins Kalkül ziehen, dass bestimmte Keywords derart umkämpft sind oder man dort weit abgeschlagen ist, dass eine Optimierung nur mit unverhältnismäßig hohem Aufwand erfolgreich ist und man wiederum anderswo aussichtsreiche Ansatzpunkte und Lücken entdecken kann. Strategie heißt auch: Die höchsten Prioritäten stehen für die wichtigsten Seiten, auf die man sich vor allem oder zunächst konzentrieren und auf die intern und extern besonders verlinkt werden sollte.

Im zeitlichen Verlauf hat die Menge der Keywords mit dem Beginn der Recherche, dem Brainstorming und der Ideenfindung stark zugenommen und sich dann bis zur Festlegung der Keywords/Keywordstrategie sinnvoll reduziert. All dies ist ein dynamischer Prozess mit stetigen Anregungen, der nie abgeschlossen ist. Sie sollten diese Aspekte, wie alle SEO-Inhalte, permanent beobachten, neu bewerten und anpassen.

Dabei versteht es sich von selbst, dauch die Performance dieser Keywords immer wieder zu analysieren, gegebenenfalls darauf die Strategie anzupassen und zu aktualisieren; etwa, weil bestimmte Themen relevanter/irrelevanter geworden sind. Da das Bestimmen der Keywords, die gleichzeitig die DNA des Unternehmens, seiner Produkte und Dienstleistungen widerspiegeln, eine langfristige und wiederkehrende Aufgabe ist, ist dieser Part so wichtig.

Zwischenfazit

Bei der Auswahl der optimalen Keywords sollte man sich besonders nach dem tatsächlichen, monatlichen Suchvolumen und der vorhandenen Konkurrenzdichte richten. Hierbei sollte man alle relevanten und sinnvollen Suchkombinationen filtern. Dabei gilt: Je allgemeiner ein Suchbegriff, desto schwieriger ist die Positionierung bei Google. Neben einem manierlichen Suchvolumen sollten Suchbegriffe zielgerichtet sein und über gute Aussichten verfügen, weit vorn zu ranken. Der Mix aus lang-, mittel- und kurzfristig erreichbaren Zielen bildet das Fundament einer nachhaltigen und erfolgreichen SEO-Strategie.

Abschließend noch einmal eine (umfangreichere) Übersicht möglicher Kriterien zur Keywordbewertung und ihrer Quellen:

Aus der Google Search Console:

➤ Klicks (der letzten 90 Tage)

➤ Impressionen (der letzten 90 Tage)

➤ Durchschnittliche Position (der letzten 90 Tage)

➤ Klickrate

Aus dem Keyword-Planer:

➤ Monatliches Suchvolumen

➤ Geschätzter Klickpreis

Aus den eigenen Daten:

➤ Kategorie oder Themenbereich

➤ Position vor der ersten Optimierung

➤ Datum der letzten Optimierung

Auch Zahlen zum Verhalten der Besucher auf Ihren Seiten aus Google Analytics können helfen, die Suchergebnisqualität einzuschätzen:

➤ Verweildauer

➤ Absprungrate

➤ Umsatz/Conversions

Für die Daten sollten Sie entsprechende Spalten in Ihrer Excel-Tabelle einrichten und gegebenenfalls auch die zeitliche Entwicklung/Veränderung eintragen.

Suchbegriffe zuordnen und Zielseiten festlegen

Die Keywords inklusive Ihrem Firmennamen sind nun priorisiert und für den praktischen Einsatz ausgewählt. Jetzt ordnen Sie sie den Rubriken, Menüpunkten und Unterseiten zu, um daraus jene Texte und Inhalte zu erstellen, die diese Suchbegriffe enthalten. Die Fachliteratur spricht hier von Keyword-Mapping und man sollte dies ebenfalls jeweils mit einer eigenen Spalte in der Excel-Tabelle tun: Zu jedem Keyword inklusive »Nebenkeyword« gehört eine URL, also die Landingpage für das jeweilige Schlagwort. Wer bereits über Unterseiten verfügt, gleicht diese mit den nun zusammengestellten Wörtern ab, aktualisiert und präzisiert die Seiten und erstellt zusätzlich bei Bedarf neue Unterseiten.

Wichtig hierbei ist, dass sich nicht zu viele, unterschiedliche Keywords auf einer Seite befinden. Eine generelle Kommunikations- wie auch SEO-Grundregel lautet: *Gute Texte haben ein klar abgegrenztes Thema. Für weitere Aspekte werden neue Beiträge erstellt.* Vermischt man Themen und Begriffe, ist nicht nur der Leser verwirrt, sondern das Ranking verschlechtert sich, weil die Suchmaschine die

Denkweise eines Nutzers verinnerlicht hat und durch milliardenfache Seitenbesuche weiß, dass hier völlig unterschiedliche Themen behandelt werden. Gleichzeitig sollten sich alle zusammenpassenden Begriffe, also auch Synonyme, auf einer Seite wiederfinden. Eine Seite wird also in der Regel für mehrere (jedoch wenige) Keywords optimiert, die allerdings in einem engen sprachlichen und thematischen Zusammenhang stehen sollten.

Inhalt

Die Seitenstruktur mit den Menüpunkten und Unterseiten, Themen und Titeln haben wir also festgelegt. Perfektioniert haben wir den Aufbau während der Auswahl der Keywords, die wir wiederum den entsprechenden Landingpages zugeordnet haben. Nun werden die Seiten mit Leben gefüllt: mit Inhalt, neudeutsch Content. Dabei werden die Keywords in den Texten verankert, auf dass Google sie gut rankt und Leser sie interessant finden. In diesem Abschnitt soll es daher darum gehen, was einen guten Inhalt für die Suchbegriffe ausmacht, und zwar einen, der attraktiv für Seitenbesucher und Suchmaschinen ist.

Wenn Sie die Suchbegriffe in die Texte einbauen – oder einen natürlichen Beitrag hierzu schreiben, der Ihre zentralen Wörter nun einmal beinhaltet –, wird Google auf dieses Keyword »trainiert«. In einem relevanten Text sollte dieser Suchbegriff mehrfach vorkommen, beispielsweise »Sushi«, wenn ein Reiseblogger von einem einschlägigen Restaurant in Tokio schwärmt. Trotzdem wird Google diese »Sushi-Seite« aber auch für andere Begriffe anzeigen, etwa »Tokio Reisetipps« oder »Tokio Restaurant«, weil Google den Kontext mit sieht.

Solche semantischen Effekte waren wichtiger Bestandteil der stetigen Updates, in diesem Fall des Hummingbird-Updates von 2013. Seitdem erfasst Google den thematischen Zusammenhang verschiedener

Suchbegriffe. User erhalten so ein Suchergebnis für verwandte/verbundene Themen. Gibt also ein Suchender »Tokio Reise« ein, wird möglicherweise auch eine Seite angezeigt, die gar nicht den Begriff »Reise« beinhaltet, aber sich genau darum dreht und das Informationsbedürfnis der User bedient, weil Google dies durch eine Analyse des vorangegangenen Nutzerverhaltens herausgefunden hat. Trotzdem sollte sich niemand zurücklehnen und meinen, nur eine gute Seite erstellen zu müssen, und Google macht den Rest. Beim Unterbringen der wichtigen Keywords in einem Text sollte man idealerweise selbst alle verwandten und passenden Aspekte und Schlagwörter unterbringen, um Google die Arbeit zu erleichtern.

Was ist ein guter Text?

Schreiben Sie keinesfalls Texte um ihrer selbst willen und um Seiten zu füllen und Keywords unterzubringen, sondern weil sie nützlich sind. Besucher brauchen einen Grund, sich auf Ihrer Seite umzuschauen. Zwar mögen sie zunächst auf das Google-Suchergebnis klicken, das zu Ihrer Seite führt. Wenn sie dort aber nicht durch die gesuchten und attraktiven Inhalte gefesselt werden, springen sie ab. Google wird das registrieren und Ihre Seiten in der Summe schlechter ranken. Lesenswerte und auch »teilenswerte« Angebote sind daher das A und O einer Seite.

➤ Die Nutzer erhalten so einen Mehrwert.

➤ Sie werden an die Marke gebunden.

➤ Sie verbleiben länger auf der Seite, was Google positiv anrechnet.

➤ Angebote zum Teilen machen die Seite bekannter, da viele Nutzer auf anderen Seiten, Blogs oder Sozialen Netzwerken den Content sehen.

➤ Zudem sorgen sie für wichtige Links von außen auf die Seite und für mehr Traffic – zwei Faktoren, die Google ebenfalls positiv vermerkt.

Über allem müssen die Attraktivität der Seite, Lesevergnügen und ein Mehrwert für die Nutzer stehen – sei es, dass sie sich umfassender über das Angebot eines Unternehmens informieren können, immer wiederkehrende oder interessante Nachrichten teilen oder schließlich etwas kaufen. Wichtig ist zudem, dass diese Inhalte permanent aktualisiert werden, es also immer etwas Neues gibt. Auch dies ist notwendig, um Nutzer regelmäßig auf die Seite zu ziehen, wird aber auch von Google mit einem dicken Pluspunkt garniert.

Zudem gibt es einige harte und weiche Kriterien für gute Texte (neben der schlichten Verweildauer), die Google verarbeiten dürfte:

➤ Ist der Text korrekt geschrieben?

➤ Gibt es zusätzliche Elemente, wie Grafiken, Fotos, Tabellen oder Videos?

➤ Ist er gut gegliedert, etwa mit Absätzen, Zwischenüberschriften, einem kleinen Inhaltsverzeichnis vorweg, Markierungen und Links?

➤ Wie sieht der Wortschatz aus? Sind die Sätze zu lang? Gibt es Füllwörter?

➤ Weist der Text zu viele Substantivierungen auf? Um dies zu vermeiden, nutzen Sie vorzugsweise Verben und setzen Sie Adjektive sparsam ein.

Diese Aufzählung steht übrigens auch für generelle sprachliche Regeln aus der Offlinewelt. Die meisten Punkte lernt man in jedem guten Schreibseminar. Es sind Dinge, die jeder Leser unbe-wusst oder bewusst bewertet. Sie entscheiden (heute ebenso wie früher), ob man eine Zeitung schnell weglegt, ein Buch in einem Rutsch durchliest oder eine Broschüre ansprechend findet. Also: Guter Ausdruck, knackige Darstellung, anschauliche Beispie-le, klare Botschaften, Zitate, reale Menschen, Emotionen, eben alles, was interessant und spannend ist, ist wichtig, damit der Le-ser dranbleibt, sich informiert fühlt, gern wiederkommt, die Sei-te empfiehlt oder sich gar ein Lesezeichen setzt. Schreiben Sie die Texte abwechslungsreich, also keinesfalls nach einem festen Mus-ter, selbst wenn es um eine gewisse Wiedererkennbarkeit und Ih-re Handschrift geht. Aus alledem entsteht ein rundes Informati-onsangebot, wodurch auch eine negative Absprungrate vermieden wird, was die Suchmaschine registriert.

Es gelten also die klassischen Qualitätskriterien wie bei sonstigen Texten auch. Dies betrifft alle Faktoren, sprachliche wie formelle und auch die angemessene Länge, den Einbau von Absätzen, Zwi-schenüberschriften, Spiegelstrichen, eine zusammenfassende Ein-leitung oder ein Fazit. Beachtet werden sollte auch, dass Artikel im Internet schneller gelesen werden als gedruckte Artikel – da ist ei-ne gute Struktur besonders von Vorteil, etwa durch ein vorangegan-genes Inhaltsverzeichnis, wie sie vor allem »Holistische Landingpa-ges« haben, auf die wir bereits eingegangen sind.

Ein Informationsangebot sollte stets aktuell sein. Wird ein Text oder gar eine ganze Seite nicht mehr auf den neuesten Stand gebracht, kön-nen die Inhalte schlimmstenfalls überholt oder sogar falsch sein, in je-dem Fall bieten sie aber keinen Anreiz mehr, um die Leser erneut auf die Seite zu locken. Dies betrifft sowohl vorhandene Texte als auch das Fehlen von neuen Angeboten. Der Crawler merkt, wenn Seiten lange nicht mehr gepflegt worden sind und verstauben. Er wird in solchen Fällen seltener wiederkehren, genauso wie die Besucher, sodass Ihre Seite damit auch schlichtweg weniger Traffic verzeichnet.

Zwei Aspekte sind hier besonders zu beachten: Erstens: Aktualisierung im Sinne von Überarbeiten, weil es zu einem bestehenden Artikel neue Erkenntnisse und Daten gibt, und zweitens: Ergänzungen mit gänzlich neuen Inhalten und Seiten. Beides wird positiv vermerkt. Insofern bietet es sich gerade beim Relaunch einer Seite an, nicht auf einmal viele neue Texte auf die Seite zu hieven, sondern peu à peu, idealerweise nach einem Plan. So ist für kontinuierliche Neuerungen gesorgt.

Googles Erfolg speist sich daraus, dass die Sucher die besten Suchergebnisse angezeigt bekommen. Google möchte Internetnutzer nicht zu veralteten Seiten führen. Die Aktualität einer Seite ist daher nicht umsonst ein Rankingfaktor.

Es versteht sich von selbst, dass das jeweilige Keyword im Text vorkommen sollte, schließlich wurde die Unterseite vor allem auch dafür geschaffen und definiert. Nur so findet die Suchmaschine die Seite, wenn ein entsprechendes Suchergebnis aufgerufen wird. Verankern Sie das Keyword durchaus oft, aber nicht zu oft. Denn die oftmalige Verwendung des Begriffs (im Vergleich zu anderen) zeigt erst, dass dieses Wort das Schlüsselwort ist, also das Thema der Seite beschreibt und vorgibt. Allerdings dürfen Sie nicht krampfhaft und mit vorgefertigtem Plan oder gar mit einem Taschenrechner vorgehen – es muss ein natürlicher Text sein. Wenn Sie von uns aber unbedingt eine Zahl hören wollen: Pro 100 Wörter kann ein Keyword ein bis vier Mal vorkommen, und zwar tendenziell weiter oben platziert. Eine häufigere Verwendung kratzt am Bereich des Keywordstuffings.

Konjunktionen (und, oder, jedoch, obwohl) und andere häufig genutzte Wörter, die keine Rückschlüsse auf das Thema erlauben, werden übrigens von Suchmaschinen ignoriert, was gleichzeitig bedeutet, dass Sie sie innerhalb von Longtail-Keywords einbauen können, wenn es den Lesefluss verbessert.

Google hat all diese Qualitätspunkte, die einen guten Text und eine flotte Sprache ausmachen, aufgegriffen. Die Darstellung des Google-Fellows Amit Singhal aus dem Jahr 2011 ist zeitlos, sowohl in puncto »Qualität von Seiten« als auch hinsichtlich der generellen Denkweise Googles, sodass wir sie hier ausführlich wiedergeben möchten:

Welche Websites sind qualitativ hochwertig? (© Google)

Unsere Algorithmen für die Websitequalität sollen Nutzern dabei helfen, »qualitativ hochwertige« Websites zu finden, indem sie das Ranking von Inhalten mit einer geringeren Qualität reduzieren. Die kürzlich erfolgte »Panda«-Änderung setzt sich mit der schwierigen Aufgabe auseinander, die Qualität von Websites algorithmisch zu bewerten. Wir möchten einige unserer Ideen und Forschungsgegenstände erläutern, die der Entwicklung unserer Algorithmen zugrunde liegen. Dazu gehen wir am besten einen Schritt zurück.

Nachfolgend findet ihr einige Fragen, mit deren Hilfe die Qualität einer Seite oder eines Artikels bewertet werden könnte. Solche Fragen stellen wir uns selbst bei der Entwicklung von Algorithmen, mit denen die Qualität von Websites beurteilt werden soll. Stellt euch das so vor, dass wir mit ihrer Hilfe versuchen, die Wünsche unserer Nutzer in einen Code umzusetzen.

Natürlich veröffentlichen wir nicht die tatsächlichen Ranking-Signale, die in unseren Algorithmen verwendet werden, denn es soll ja niemand unsere Suchergebnisse manipulieren. Wenn ihr euch jedoch der Denkweise bei Google annähern möchtet, geben euch die nachfolgenden Fragen Aufschluss darüber, wie wir an die Sache herangehen:

➤ Würdet ihr den in diesem Artikel enthaltenen Informationen trauen?

➤ Wurde der Artikel von einem Experten oder einem sachkundigen Laien verfasst oder ist er eher oberflächlich?

➤ Weist die Website doppelte, sich überschneidende oder redundante Artikel zu denselben oder ähnlichen Themen auf, deren Keywords leicht variieren?

➤ Würdet ihr dieser Website eure Kreditkarteninformationen anvertrauen?

➤ Enthält dieser Artikel Rechtschreibfehler, stilistische oder Sachfehler?

➤ Entsprechen die Themen echten Interessen der Leser der Website oder werden auf der Website Inhalte generiert, mit denen ein gutes Ranking in Suchmaschinen erzielt werden soll?

➤ Enthält der Artikel Originalinhalte oder -informationen, eigene Berichte, eigene Forschungsergebnisse oder eigene Analysen?

➤ Hat die Seite im Vergleich zu anderen Seiten in den Suchergebnissen einen wesentlichen Wert?

➤ In welchem Maße werden die Inhalte einer Qualitätskontrolle unterzogen?

➤ Werden in dem Artikel unterschiedliche Standpunkte berücksichtigt?

➤ Wird die Website als kompetente Quelle zu ihrem Thema anerkannt?

➤ Stammen die Inhalte aus einer Massenproduktion oder von zahlreichen externen Autoren bzw. werden sie über ein großes Netzwerk von Websites verbreitet, sodass einzelnen Seiten oder Websites eher wenig Aufmerksamkeit oder Sorgfalt gewidmet wird?

➤ Wurde der Artikel sorgfältig redigiert oder scheint er eher schlampig oder hastig erstellt worden zu sein?

➤ Hättet ihr bei gesundheitsbezogenen Suchanfragen Vertrauen in die Informationen dieser Website?

➤ Würdet ihr diese Website als kompetente Quelle erkennen, wenn sie namentlich erwähnt würde?

➤ Bietet dieser Artikel eine vollständige oder umfassende Beschreibung des Themas?

➤ Enthält dieser Artikel aufschlussreiche Analysen oder interessante Informationen, die nicht allgemein bekannt sind?

➤ Würdet ihr diese Seite zu euren Lesezeichen hinzufügen, an Freunde weitergeben oder empfehlen?

➤ Enthält dieser Artikel unverhältnismäßig viele Anzeigen, die vom eigentlichen Inhalt ablenken oder diesen beeinträchtigen?

> ➤ Könntet ihr euch diesen Artikel in einem Printmagazin, einer Enzyklopädie oder einem Buch vorstellen?
>
> ➤ Sind die Artikel kurz oder gehaltlos oder fehlen sonstige hilfreiche Details?
>
> ➤ Wurden die Seiten mit großer Sorgfalt und Detailgenauigkeit oder mit geringer Detailgenauigkeit erstellt?
>
> ➤ Würden sich Nutzer beschweren, wenn ihnen Seiten von dieser Website angezeigt würden?
>
> Die Erstellung eines Algorithmus zur Bewertung der Qualität einer Seite oder Website ist eine viel schwierigere Aufgabe, wir hoffen aber, dass die oben genannten Fragen euch einen gewissen Einblick in unsere Vorgehensweise zur Erstellung von Algorithmen geben, mit denen qualitativ hochwertige Websites von weniger qualitätsvollen Websites unterschieden werden.«[6]

Allein dieser eine Aspekt – nämlich die Qualität von Seiten und wie allumfassend Google diesen beleuchtet und bewertet – zeigt den hohen Forschungs- und Entwicklungsaufwand, den Google betreibt, um Nutzern das beste Suchergebnis auszuspielen und allgemeingültige Merkmale guter Lesbarkeit in einen Algorithmus zu packen. Dabei wird auch erneut klar, dass man nicht künstliche oder gar krampfhafte Lösungen umsetzen, sondern natürlich vorgehen sollte. Dies ist zwar keine Garantie dafür, dass Sie gut ranken, denn die Konkurrenz wird sich auch um gute Texte kümmern, aber die Punkte zeigen Ihnen, dass Sie Ihre Zeit nicht in falsche Ansätze investieren sollten, sondern in gute, organische Arbeitsergebnisse: »Wir empfehlen, euch (...) auf die Entwicklung qualitativ hochwertiger Inhalte zu konzentrieren statt zu versuchen, die Website für irgendeinen Google-Algorithmus zu optimieren.«[7]

Gleichzeitig beschreibt Google – und dies gilt auch für andere Bereiche –, wie das Abschalten schlechter Seiten einer Domain bereits Auftrieb geben kann: »(...) Wenn ihr also Seiten von geringer Qualität entfernt oder zusammenführt, den Inhalt einzelner oberflächlicher Seiten interessanter gestaltet oder diese Seiten in eine andere Domain verschiebt, kann dies eventuell das Ranking eurer hochwertigeren Inhalte verbessern.«[8] Allein das Durchforsten, Aufräumen und Ordnungschaffen von längst vorhandenen Unterseiten kann also bessere Rankingergebnisse zeitigen.

Die Kernbotschaft ist hier: Kümmern Sie sich um gute, interessante Inhalte. Schlechte Texte bedeuten Minuspunkte. Ein guter Text ist besser als drei mittelmäßige. Es sollte niemand am falschen Ende sparen, denn mit miserablen Texten kann man leicht zurückfallen. Und vergessen werden darf nicht, dass ein Text die relevanten Keywords enthalten muss. Dies ergibt sich nicht nur aus der Tatsache, dass dies einen fokussierten Text ausmacht, sondern aus der Funktion von Keywords, die wir oben erklärt haben. Dazu gehört auch, für je ein Keyword oder zusammengehörige Keywords auch nur einen Artikel zu erstellen.

Unique Content und Duplicate Content

Google und Leser mögen es nicht, wenn es doppelte, also redundante Beiträge gibt (etwa, weil Seitenautoren entdeckt haben, dass dahinter starke Suchbegriffe stehen und sie diese so oft wie möglich ausschlachten möchten).

Google und Leser mögen es nicht, wenn es doppelte, also redundante Beiträge gibt (etwa, weil Seitenautoren entdeckt haben, dass dahinter starke Suchbegriffe stehen und sie diese so oft wie möglich ausschlachten möchten).

Früher funktionierte dies tatsächlich, aber genau deswegen hat Google es auch abgeschafft. Schreiben Sie daher bloß nicht für alle möglichen Keywordvarianten und Synonyme jeweils einen Text. Denn so würde man sich zwangsläufig wiederholen, Leser langweilen, schlimmstenfalls vertreiben und Google erzürnen.

Es kann natürlich auch andere Gründe als das häufige Verwenden von Keywords geben, weshalb es zu sogenanntem Duplicate Content kommt. So kann etwa jemand der Meinung sein, dass ein bestimmter Text in mehrere Rubriken passt. Wer dies nicht vermeiden will, kann jedoch dafür sorgen, dass der Google-Crawler eine von den beiden Seiten nicht misst, also ignoriert. Diese Landschaftspflege ist auch deshalb wichtig, weil man ohnehin den Crawler auf die wichtigsten Seiten aufmerksam machen sollte. Um herauszubekommen, ob eine Seite über Duplicate Content verfügt, weil jemand vielleicht die vorhandenen Texte nicht selbst erstellt hat oder die Arbeit anderer kontrollieren möchte, kann man bei Google einfach einen Teil des Textes in Anführungszeichen setzen und in die Suchmaske eingeben.

Duplicate Content innerhalb einer Domain sendet an die Suchmaschine missverständliche Signale. Die Suchergebnisse zeigen für ein bestimmtes Keyword eine URL an und nach drei Tagen vielleicht eine andere. Durch diesen Wechsel kann sich keine der beiden Seiten ein starkes, stabiles Ranking erarbeiten. Daher muss den Crawlern eindeutig gezeigt werden, was Original und was Kopie ist, und diese Seiten müssen von der Indexierung ausgeschlossen werden.

Besonders sträflich ist es, systematisch Inhalte, Bausteine oder Passagen aus dem Internet zu kopieren; etwa, weil ein Onlineshop sich die Mühe sparen will, professionelle Produktbeschreibungen zu verfassen. Lassen Sie die Finger davon. Denn unabhängig davon, dass Google jeden dafür maßregeln wird, bauen Sie sich auf diese Weise auch keine Marke auf, nerven die Nutzer mit Texten, die sie anderswo bereits gelesen haben, und natürlich wird illegitim/illegal das geistige Eigentum anderer genutzt.

Wenn jemand doppelten Content findet, dann Google. Die Verfasser der Webmaster-Support-Seite machen deshalb auch kein Geheimnis daraus, dass sie Änderungen am Index und dem Ranking von Webseiten vornehmen, die duplizierten Content aufweisen, der vermutlich zur Täuschung und Manipulation erstellt wurde:

»Infolgedessen werden diese Websites unter Umständen in den Such-ergebnissen niedriger eingestuft oder sogar aus dem Google-Index entfernt und damit nicht mehr in den Suchergebnissen angezeigt.«[9]

Der Qualitätsanspruch sollte es also sein, einzigartige Texte zu ver-fassen und zu veröffentlichen, in der SEO-Sprache heißt dies *Unique Content*. Google rechnet es jedem hoch an oder straft ihn im Um-kehrschluss ab. So besonders und einmalig wie Ihr Angebot und Ihre Organisationen sollte auch Ihr Inhalt sein: spezifisch, einzigartig, in-dividuell. Schließlich gäbe es keinen Grund für einen Leser, sich auf Ihrer Seite umzuschauen, wenn es die Texte, selbst Teile davon, auch anderswo gibt. Google degradiert dabei nicht nur die betreffenden Unterseiten. Wer es übertreibt – und es gibt Seiten, die nur kopie-ren –, dessen ganze Domain wird von der Suchmaschine abgewer-tet, weil sie ihre Reputation und Relevanz verspielt hat und es sich um Internetspam handelt.

Damit ist jedoch nicht korrektes Zitieren gemeint und auch nicht, wenn man sich auf andere Texte bezieht. Zudem gibt es Online-shops, die die von den jeweiligen Herstellern angebotenen Beschrei-bungstexte korrekt verwenden. Selbst Google schätzt, dass 25 bis 30 Prozent des Internets aus Duplicate Content bestehen[10] und dies nicht zwangsläufig negativ ist, wenn es eben im Rahmen bleibt und es dafür gute Gründe gibt. Die entsprechende Seite wird nur nicht angezeigt oder erst, wenn der Nutzer dies ausdrücklich bei der Fil-terfunktion wünscht.

Misslich ist es, wenn Sie selbst Opfer von Textdiebstahl geworden sind. Hier kann es unter Umständen auch passieren, dass Google den Urheber der Information zurückstuft, wie es John Müller (Web-master Trends Analyst bei Google) erst im Februar 2018 wieder ausführte. Das Original wird zwar zuerst indexiert, trotzdem ist es sinnvoll, von Zeit zu Zeit das Internet nach Plagiaten der eigenen Texte zu durchforsten, etwa mit dem (weitestgehend) kostenpflichtigen Tool Copyscape, bei dem man die URL des Originals eingibt. Mühsamer ist es da, die eigenen Texte mit Anführungszeichen versehen bei Google selbst einzugeben. Vollständig schützen kann man sich gegen das Kopieren zwar nicht. Man kann Dieben aber die Arbeit erschweren, etwa indem man per Skript verhindert, dass die Beiträge einfach zu markieren und dann zu kopieren sind. Dennoch ist der Text immer noch über den Quellcode zu finden. Haben Sie Ihre eigenen Beiträge oder Auszüge davon im Netz entdeckt, sollten Sie den Seitenbetreiber darauf ansprechen und eine Löschung verlangen. Fruchtet das nicht, können Sie die den Textklau bei Google melden, und zwar über die Google Search Console.

Struktur: Überschriften, Zwischenüberschriften, Bildunterschriften

Strukturierter Inhalt ist nicht nur wichtig, weil ihn (schnelllesende) Internetnutzer besser erfassen, sondern auch, weil ihn Indexierungsroboter besser verstehen. Und zur übersichtlichen Struktur gehört eine ganze Menge: aufräumen, Inhaltsverzeichnisse einrichten, Teasertexte schreiben, zusammenfassen, Absätze und Spiegelstriche setzen.

Neben der klaren Gliederung und dem Ausbau von reinen Texten, immer mit den Keywords im Fokus, ist es auch wichtig, anderen Elementen, Beachtung zu schenken. So erhöhen Sie die Lesefreude, bringen aber auch die Keywords ein weiteres Mal unter und beweisen Google, dass Ihre Seiten einen logischen Aufbau haben. Daher sollten alle Texte starke Überschriften und Unterüberschriften haben, die die wichtigen Begriffe wiederholen. Diese, wie auch Zwischenüberschriften sind, dabei kein grafisches Element, sondern

Teil der Seitenprogrammierung, so wie es auch Suchmaschinen erkennen. Überschriften bitte also nicht (nur) fetten oder mit einer größeren Schriftgröße versehen, sondern als eindeutige Überschriften innerhalb des Content Management Systems (CMS) zuweisen, und zwar mit der gebotenen Hierarchie, als von h1 bis h6. Denn Google gewichtet die Wörter, die in Überschriften stehen, stärker als solche im Fließtext. Die Möglichkeiten von Bildunterschriften sollten zusätzlich genutzt werden, um die Seiten mittels Fotos oder Grafiken interessanter zu gestalten und um ein weiteres Mal die Keywords zu verwerten.

Interne Links

Interne Links bieten, wie oben bereits beschrieben, ebenfalls Orientierung und eine Zusatzinformation. Aus SEO-Sicht haben sie dabei vor allem die Aufgabe, den Besucher zu den wesentlichen Seiten zu leiten und Google zu signalisieren, welche eben diese wichtigsten Seiten sind. Mit diesen Links geben die entsprechenden Seiten auch Stärke weiter und sorgen so für die gewünschte Priorisierung. Diese Mechanismen haben wir weiter oben erklärt. Denken Sie also bei der Content-Erstellung daran, sinnvoll, gezielt und an Ihrer Keywordstrategie orientiert Links zu setzen, und zwar ausgehend von der Startseite zu Ihren bedeutsamsten Unterseiten, aber auch zwischen den einzelnen Kategorien. Je nach Aktualität und Ihrer Marketingstrategie können diese Links auch maßvoll verändert werden, etwa weil auf der Startseite immer der neueste Blogbeitrag angeteasert wird. Setzen Sie auch externe Links, schließlich rundet dies ein Informationsangebot ab. Allerdings sollten diese Verlinkungen zu anderen Internetseiten mit einem Nofollow-Link versehen. Was das ist und wie das funktioniert, werden wir Ihnen gleich noch erklären.

Call-to-Action

Die Conversion ist zentral, schließlich entstehen die wenigsten Internetseiten aus einem Hobby heraus. Auf den Seiten müssen daher Handlungsaufforderungen eingebaut werden, neudeutsch: Call-to-Action (CTA), wie »hier Zimmer buchen«, »Newsletter bestellen« oder »E-Book herunterladen«. Je nach Ausrichtung der Seite geht es schließlich um wirtschaftliche Effekte. Jemand soll ein Produkt kaufen, einen Tisch im Restaurant reservieren oder den Profi für ein Rhetorik-Coaching buchen.

Inhalt der Inhalte und deren Form

Dass die Keywords und das Wesen der Organisation die thematischen Leitlinien vorgeben, haben wir ausführlich beschrieben. Doch was sind die »Inhalte der Inhalte« und in welcher Form wird der Content in die Welt getragen?

In den folgenden Absätzen möchten wir Ihnen das Material, die Verpackung und die Stilebenen näherbringen, mit denen sich die Informationen über ein Unternehmen und seine Produkte interessant und abwechslungsreich gestalten lassen. Dabei muss ebenfalls bedacht werden, dass der Inhalt später vermarktet werden muss. Das geht nur mit begeisternden Beiträgen.

Ein Beispiel aus unserer Praxis zeigt, was wir einem freien PR-Berater, der gleichzeitig Journalist ist, empfohlen haben:

➤ Mehr Unterseiten, die die einzelnen Facetten des klaren Agenturangebots detaillierter beschreiben.

➤ Arbeitsproben, vor allem auch Artikel und Interviews, die für die Nutzer und potenziellen Auftraggeber interessant und anschaulich sind. Das signalisiert Kompetenz und Einfluss. Oft werden beispielsweise prominente Medienleute interviewt, womit man wiederum einen Arbeitsnachweis schafft. So hat man automatisch stets etwas Neues und auch teilenswerte Beiträge.

➤ Einen Blog einrichten, etwa zu einem spezifischen Unterthema der Medienbranche, an dem man selbst arbeitet. Hierbei macht es sich gut, dass ein Teil der Zielgruppe und das Objekt der Artikel Medienschaffende sind, die besonders gut vernetzt und kommunikativ sind. Ein Blog trägt ebenfalls stark zur Markenbildung bei, zieht regelmäßig Besucher auf die Seite, bedeutet eine permanente Aktualisierung der Seite und sorgt für Links von außen – alles positive SEO-Faktoren. Es ist dabei wichtig, dass der Blog in die Seitenstruktur eingepflegt wird, also keine extra Domain erhält, um diese Faktoren zum Tragen kommen zu lassen. Zudem müssen die Blogeinträge und News über die Sozialen Medien promotet werden, damit ein breiter Kreis von Nutzern, beispielsweise Facebook-Freunde, davon erfährt und auf die Seite geht.

➤ Weitere Inhalte zum Teilen können umfangreiche Checklisten sein und Kurzübersichten. Diese Papiere können vor allem eher unerfahrene potenzielle PR-Kunden überzeugen und, wenn sie besonders geschrieben sind, auch Leser beeindrucken, die auf dem Gebiet zu Hause sind. Auch hier umfassen fesselnde Angebote die gesamte Verwertungskette: Die Leute teilen es, verlinken es, empfehlen es weiter, die Agentur wird bekannter, es kommt zu mehr Traffic und so weiter.

Generell sollten Seitenbetreiber nutzwertorientierte Beiträge einbauen, die eine eher klassische Angebotsseite mit Leben füllen, dem Leser das Thema in seiner Tiefe nahebringen und gleichzeitig die fachliche Kompetenz aufzeigen – und sich an den Keywords, die schließlich Ihre Dienstleistung ausmachen, orientieren.

Originell aufbereitete Checklisten, Glossars, Kurzratgeber, Anleitungen, Best-of-Listen (gern auch mit Augenzwinkern) oder »Tipps & Tricks« sind kompakt, unkonventionell und haben oft den Vorteil, zeitlos zu sein. Das Erstellen dieser Formate ist damit effizient. Ebenso laden sie gerade dadurch zum Teilen und Verlinken ein, weil der Geschäftspartner/»Freund« weiß, dass der Inhalt auch in einem halben Jahr noch vorzeigbar ist. Daneben sorgen die Dauerbrenner für einen stabilen Zustrom von Besuchern ohne große Schwankungen, was Google einmal mehr zeigt, wie relevant der Inhalt für Ihre Zielgruppe ist. Dabei sollte klar sein, dass der Content regelmäßig überprüft und aktualisiert wird sowie frische Aspekte, Zahlen, Daten und Beispiele hinzufügt oder ausgetauscht werden. Dies erfordert jedoch wesentlich weniger Zeit als etwa für neue Beiträge, die allerdings gleichermaßen benötigt werden.

Denken Sie dabei auch an andere Stilebenen, die zudem Abwechslung hineinbringen, wie Interviews, Reportagen, »Live-Berichte« oder Texte à la »ein Arbeitstag im Leben unseres Chefingenieurs«. Solche Inhalte bringen Leben in Ihre Webseite. Es ist das, was uns beim Lesen und dem Medienkonsum am meisten interessiert. Weben Sie Gefühle und menschliche Nähe in die Geschichten ein und erzählen Sie Storys. Wie hat Ihr Produkt das Leben von Kunde XY verändert? Welche rekordverdächtigen Anstrengungen hat Ihr Service unternommen, um dem Kunden die Ware nach Afrika zu schicken? Welche interessanten Typen arbeiten bei Ihnen, mit ungewöhnlichen Hobbys, Werdegängen und Schicksalen? Und vor allem: Was treibt den Firmenchef um? Wie ist er auf seine bahnbrechende Idee gekommen? Gegen welche Widerstände hat er das Unternehmen mit viel Risiko aufgebaut? Wo hat er sich durchgesetzt, um zum Marktführer zu werden? In jeder Organisation stecken Schätze, Helden, Persönlichkeiten und Geschichten, durchaus romanhafte – und die sollten Sie erzählen und den Leuten nahebringen. Leben und Arbeitsleben bieten spannende Storys. Der Unternehmenslenker hat Erkenntnisse gewonnen, sich Fachwissen erarbeitet, ein gesellschaftliches Anliegen und Antworten auf die Fragen der Welt gefunden. Hinter jedem Mittelständler stehen Menschen, eine Familie, ein wechselhaftes Leben, Zweifel, Fehler, Irrwege, Freuden und Glück. Kein Werdegang ist geradlinig, erst recht nicht der eines Unternehmers. All dies könnte man darstellen und es ist offenkundig, dass auf diese Weise eine emotionale Bindung zu Kunden hergestellt und eine Marke bekannter gemacht wird.

Dabei darf bitte nicht das Business aus dem Blick geraten, denn darum geht es schließlich: Webseitenbesucher erhalten attraktives Wissen rund um das Thema und können dazu animiert werden, weitere Informationen einzuholen. Diese Möglichkeit kann zum Beispiel über ein Kontaktformular generiert werden. Ein gesteigertes Interesse am Produkt liegt damit nahe und Seitenbetreiber erhalten zusätzliche Kundendaten für eventuell folgende Geschäfte.

Ein guter Blogbeitrag wiederum bietet informativen Nährwert, befindet sich aber nicht im luftleeren Raum, sondern weist auf passende Produkte, Dienstleistungen oder Abos aus Ihrem Portfolio hin. Der Text erzeugt also Interesse, weckt gar einen Kaufwunsch und führt via Link zum Produkt, aber bitte nicht plump, sondern gut verpackt, elegant und mit schönen Assoziationen, an die sich der Seitenbesucher gern erinnert.

Je nach Onlinestrategie geht es neben der Markenbildung darum, die Einnahmen zu erhöhen. Diese erfolgreiche Umsatzsteigerung ist im Content Marketing eine der gewaltigsten Aufgaben. Der Kauf auf Basis von Gefühlen ist nachweislich der gelungenste, da sich der Kunde mit dem Erwerb wohlfühlt. Die Empfindung, das Richtige getan zu haben, veranlasst auch zukünftige Käufe oder Vertragsabschlüsse. Die Verknüpfung von Produkt mit Lifestyle und positiven Erfahrungsberichten sowie Produktergänzungen, die ein »Habenwollen« hervorrufen, ist die Königsdisziplin in einer gelungenen Content-Marketingstrategie, auf die wir in einem späteren Abschnitt zurückkommen.

Wie lässt sich ein guter Text weiter aufwerten? Durch multimediale Inhalte, Bilder, Grafiken, Filme, optische Elemente und mehr. Wenn es relevant und passend ist. Und bleiben Sie immer beim Thema des Menüpunkts und der Überschrift. Wenn der Titel einer Unterseite eines Rechtsanwalts »Strafrecht« heißt, muss dort auch etwas über Strafrecht stehen, also nicht sein Lebenslauf oder welche Seminare er besucht hat.

Übrigens: Wir haben in diesem Buch schon oft das Keywordstuffing erwähnt. Dieses kommt nicht nur in der offenkundigen Variante daher. Vielmehr verbergen viele Trickser massenhaft die Schlagwörter, damit sie die Besucher gar nicht erst sehen, etwa durch weißen Text auf weißem Hintergrund, dem Platzieren der Begriffe hinter einem Bild oder mit Schriftgröße 0. All dies merkt Google und wird dies bei den Suchergebnissen negativ berücksichtigen.

Domain

Die Domain ist rein technisch gesehen Ihre Adresse – jedoch auch der Link zur Marke, was nicht ganz irrelevant für die Suchmaschinenoptimierung und eine Quelle von Assoziationen ist, so wie man auch beim Lesen einer Postadresse Gedanken mit dem Straßennamen und dem Ort verbinden mag.

Wer noch nicht über einen Domainnamen verfügt, steht zunächst vor der durchaus komplexen Aufgabe, einen treffenden, wohlklingenden, einmaligen und auch nicht zu langen Domainnamen zu finden, der obendrein die richtigen Assoziationen auslöst – und vor allem noch erhältlich ist. Es versteht sich von selbst, dass dabei die Themen Suchmaschinenoptimierung und Markenaufbau zentral sind, die wiederum in einem gewissen Widerspruch zueinander stehen. Sie müssen entscheiden, was Ihnen wichtiger ist.

Die Domain »rechtsanwaltfuerstrafrecht-berlin.de« beispielsweise ist für die Suchmaschinenoptimierung besser, weil sie »generisch« ist. Sie bietet aber keine einprägsame Marke wie etwa »rechtsanwalt-petrov.de«. Mit der Ersteren ergeben sich rasche oder mittelfristige Erfolge, um im Netz gefunden zu werden. Man macht sich damit aber keinen Namen. Große, erfolgreiche Firmen achten besonders auf ihre Marke und machen diese, wenn es das Budget hergibt, mit allen Mitteln bekannt. Jeder weiß noch, wie sich Zalando mit seinen Werbeclips erfolgreich in die Köpfe der Deutschen geschrien hat. Die Seite heißt eben nicht »www.diebestenschuhe.de«. Gerade deswegen ist sie populär, die Domain und der Name haben aber nicht die Suchmaschinenoptimierung unterstützt oder vorangetrieben.

Wie vieles in diesem Buch ist auch dies eine Frage der Abwägung, es muss in Ihre Gesamtstrategie passen. Vielleicht ist Ihnen der Markenname auch nicht so wichtig, oder die Domain mit dem generischen Namen wird sogar zu Ihrer Marke, wie es fluege.de, ab-in-den-urlaub.de und Tausende andere vormachen. Hierzu ein fiktives Beispiel (auch wenn es für jeden Begriff inzwischen Domains und Anbieter gibt, ist jede Ähnlichkeit mit bestehenden Firmen rein zufällig). Nehmen wir einmal an, vor zwei Jahrzehnten etwa, als das Internet durchstartete, hat jemand die Idee gehabt, einen Spezialshop für Gartenscheren aufzumachen. Nur für Gartenscheren. Er hat sich darauf spezialisiert und belieferte Fachhändler und Endkunden. Daher hat er die Domain www.gartenschere.de genannt. Das Geschäft war sehr erfolgreich, im Laufe der Zeit erzielte er einen Marktanteil von 50 Prozent. Jeder Akteur kannte www.gartenschere.de, aber nicht das dahinterstehende Unternehmen *Paul Meister Metall GmbH und Co. KG*. Die Umsatzzahlen gingen durch die Decke, sodass es nur folgerichtig war, auch auf andere Gartengeräte zu setzen. Doch da der Firmenname oder eine entsprechende Marke jenseits von »Gartenschere« nicht im Vordergrund des bisherigen Auftritts stand oder es eine Domain www.paulmeister.de gab, ist die Expansion auf andere Geschäftsfelder kommunikativ getrübt. Schließlich deckte die ursprüngliche Internetdomain nicht Harken, Rechen oder Schaufeln ab. An solche Konsequenzen und die Ausdehnung des Geschäftsbereichs sollte man also von Anfang an denken.

Übrigens sollte ein Domainwechsel sehr gut überlegt sein. Denn Google bewertet in diesem Fall alles neu. Das bisher Erreichte in puncto Ranking ginge verloren.

Neu dabei?

Das Alter einer Internetseite zählt, aber nicht direkt, sondern weil sie in der Regel dadurch mehr Seiten, Inhalte, Vertrauen, Links und Besucherströme aufbauen konnte, als ein unbeschriebenes Blatt. Gleichzeitig gibt es Experten,[11] die ins Feld führen, dass es auch einen Bonus für Neulinge gibt, allerdings nur für kurze Zeit, also eine Art Starthilfe. Diese Unterstützung nehme aber nach kurzer Zeit wieder ab, wahrscheinlich allein schon deshalb, weil neue Neulinge nachgerückt sind. Dieser Punkt, wenn er denn existiert, kann also nicht beeinflusst werden und kommt jedem zu, verschwindet aber auch bald wieder.

Title-Tag und Beschreibung

Wir erinnern uns: Neben Keywords und Links sind *Title-Tags* (Seitentitel oder Überschriften) und *Descriptions* (Beschreibungen) der Seiten unsere Favoriten bei der Suchmaschinenoptimierung. In der Abbildung sehen Sie die beiden Elemente, ergänzt durch den Domainnamen, am Beispiel unserer Agentur (wenn man den Suchbegriff »SEO Berlin« eingibt.)

SEO Agentur Berlin | Full Service Online Marketing Agentur
https://www.seosupport.de/ ▾
Online Marketing Agentur aus Berlin ✓ 10 Jahre Erfahrung ✓ viele zufriedene Kunden ✓ wir erhöhen Ihre Umsätze um ein Vielfaches / Nehmen Sie Kontakt auf !

Dieser Ausschnitt von nur wenigen Zeilen Text, den Google mit den Suchergebnissen ausspielt, heißt Snippet. Es ist das Erste, was ein Suchender von Ihrem Internetauftritt und Ihrem Angebot sieht. Was ihm dann ins Auge schießt, entscheidet darüber, ob er klickt oder nicht oder woanders. Aus diesem Grund sind die im Snippet enthaltenen Title-Tags und die Descriptions so bedeutend. Es soll also Nutzern eine Vorstellung davon vermitteln, was die Seite enthält und warum sie für ihre Suchanfrage relevant ist.

Title-Tag (Seitentitel)

Mit dem Title-Tag eröffnet sich auf 60 bis 70 Zeichen die Möglichkeit, Nutzer und Google zu beeindrucken und auf den Punkt zu bringen, was hinter der jeweiligen Unterseite steht. Wie der Name sagt, kann der Seitentitel für jede einzelne Seite erstellt werden, und das sollte man auch tun. Schließlich werden je nach Suchbegriff auch verschiedene Unterseiten angezeigt, nicht nur die zentrale Domain.

Bei diesen Überschriftenzeilen geht es darum, in wenigen Worten zu kommunizieren, warum der Nutzer klicken und sich diese Seite anschauen soll. Dies ist anspruchsvolle Textarbeit, die selbstverständlich auf die von Ihnen recherchierten Keywords abhebt, denn dies sind jene Begriffe, die die Suchenden im Kopf haben und wiederfinden wollen. Formulieren Sie daher die Suchbegriffe entsprechend Ihren Prioritäten – auch mehrere Schlagwörter auf einmal, wenn es passt – und mit dem Namen Ihrer Organisation. So werden die richtigen Usersignale übermittelt und zum Klicken angeregt. Sollten Besucher so zu Ihnen gelangen, erkennt Google, dass Ihre Seite für genau diese Suchbegriffe relevant ist.

Im Title sollten also die ausgewählten Keywords vorkommen, und zwar möglichst vorn. Wir möchten dabei auch an die anderen, oben beschriebenen Kriterien für interessante Formulierungen oder gutes

Deutsch erinnern, die umso schwieriger sind, da es nicht viel Platz gibt; zumal der Seitentitel auch nicht vollgestopft werden sollte.

Mögliche Kriterien sind:

➤ Kurze, stichwortartige Nennung des Seiteninhalts und Name des Unternehmens/der Marke.

➤ Keine Standardwörter oder unspezifische Begriffe.

➤ Keine Wiederholungen.

➤ Kurz und informativ, kein Überfrachten oder gar für den Seiteninhalt irrelevante Keywords.

Die Optimierung der Title-Tags, die eine tragende Säule der Suchmaschinenoptimierung darstellt, muss bitte für jede einzelne Unterseite vorgenommen werden, und zwar für nicht mehr als 60 bis 70 Zeichen (im obigen Beispiel sind es 58). Der Rest wird nämlich nicht angezeigt. Ist keine individuelle Überschrift definiert worden, greift Google in den meisten Fällen automatisch auf den Inhalt einer Headline (h1) zurück.

Der Title-Tag ist mutmaßlich ein wichtiger Rankingfaktor beim Anzeigen der Suchergebnisse, hat jedoch einen zweiten, ebenso wichtigen Effekt: Er informiert die potenziellen Besucher prominent über den Seiteninhalt und animiert zum Klicken. Title-Tags haben damit eine äußerst hohe Relevanz für den Besuch einer Seite und die Entscheidung darüber. Wenn es dazu kommt, vermerkt Google dieses Nutzerverhalten.

Description

Nahezu dieselben Regeln wie für die Seitentitel gelten auch für die Description/Meta Description – nur, dass sie länger ist und man also mehr Platz hat. Die Beschreibung – offizieller Name: Description-Meta-Tag – ist zwar kein Rankingfaktor, aber als kostenloser Werbeslogan bedeutsam, der idealerweise genauso zum Klicken anregen soll, also die Click-Through-Rate (CTR) erhöhen kann. Sie muss nicht unbedingt keywordoptimiert sein, da Google bei den Suchergebnissen auf die Seiten abhebt und nicht auf deren Beschreibung, indirekt jedoch schon. Denn den Suchern sollten beim Anblick des Snippets jene Begriffe ins Augen fallen, die sie gerade eingegeben haben.

In der Beschreibung lassen sich bei möglichen 300 Zeichen (das Limit wurde im Dezember 2017 ausgeweitet) mehr Gedanken unterbringen und besser ausformulieren; vor allem aber vielfältigere Gründe ins Feld führen, warum sich Google-Nutzer auf einer Seite umschauen sollen. Nützlich sind hier ebenfalls gefällige Formulierungen, also bitte kein schlichtes Aufzählen, sondern kluge Argumente ebenfalls individuell für jede einzelne Seite. Auch ein Call-to-Action sollte nicht fehlen, eine Handlungsaufforderung, wie »Rufen Sie uns an!« Schauen Sie abschließend, wie die Beschreibung in der Realität ausgespielt wird. Die 300 Zeichen müssen übrigens nicht ausgereizt werden. Schließlich geht es um eine knappe Zusammenfassung, und die bisherigen 120 bis 155 Zeichen haben auch funktioniert.

Ein Keyword in der Description hat nur wenig Auswirkungen auf das Ranking, anders als im Title. Der Effekt liegt, wie gesagt, in der CTR, weil Nutzer angesprochen werden und erfahren, was auf der Seite los ist. Dabei wird übrigens das vom Nutzer in die Suchmaske eingegebene Keyword hervorgehoben/gefettet, sofern vorhanden (in unserem Beispiel ist es das Wort »Berlin«).

Insgesamt soll die Beschreibung einen knackigen Einblick in Ihr Angebot geben und komprimiert sein, jedoch ohne Abkürzungen. Es geht um das Besondere an Ihrer Seite, also auch Alleinstellungsmerkmale, die Sie hervorheben sollten. Dabei überfliegt ein Nutzer die Description nur (denn es sind ja noch zehn andere auf der Seite plus die Google-Anzeigen), sie muss also sofort sitzen.

Die wichtigsten Punkte sind daher:

➤ Zusammenfassung der Seiteninhalte, und zwar länger und gefälliger als beim Seitentitel.

➤ Ein oder mehrere Sätze.

➤ Eingebaute Handlungsaufforderung.

➤ Descriptions spielen eine wichtige Rolle, weil sie in den Snippets angezeigt werden.

➤ Zusätzliche Blickfänge sind Sternchen oder Häkchen (wie im obigen Beispiel), die sich vor allem für die Abtrennung der einzelnen Gedanken eignen.

➤ Der Text sollte ausreichend lang sein.

➤ Je nach Suchmodus und Gerät sind die angezeigten Snippts unterschiedlich groß.

Google selbst gibt einige Tipps, was jeder vermeiden sollte:

➤ Die Description hat keinen Bezug zu den Inhalten der Seite.

➤ Sie nutzen nur allgemeine Beschreibungen ohne spezifische Informationen.

➤ Reine Aufzählungen von Keywords.

➤ Sie kopieren den Dokumentinhalt oder Teile davon in die Beschreibung hinein.[12]

Mit der Description eröffnet sich die großartige Chance, den Inhalt einer Seite anzuteasern. Daher sollten für jede Seite eindeutige Formulierungen genutzt werden. Hilfreich ist dies besonders auch für den Fall, dass Nutzern gleich mehrere Ihrer Seiten im Suchergebnis angezeigt werden. Bei Tausenden oder gar noch mehr Seiten ist eine individuelle Beschreibung jedoch kaum noch möglich. Diese können dann automatisch erstellt werden (siehe auch Enterprise SEO). Wenn die Meta-Description nicht angelegt wird, generiert Google diese in den meisten Fällen aus dem ersten Textabsatz.

Praxisbeispiel serviceline-online.de: Die Original-Titel bestanden oft nur aus einzelnen Wörtern und luden nicht zum Besuch der Seite ein. Zudem wurde der zur Verfügung stehende Platz nicht genutzt.

serviceline
www.serviceline-online.de
Wir vermitteln Menschen statt Profile. Ihr Spezialist für Fach- und Führungskräfte mit Persönlichkeit

Besser ist:

serviceline PERSONAL-MANAGEMENT GMBH & CO. KG
www.serviceline-online.de
➤Sie benötigen Fach und Führungskräfte oder Sie suchen eine neue berufliche Herausforderung? √ Ob Personalvermittlung, Interim Management, Executive Search und Zeitarbeit serviceline ist Ihr Experte! ▸ Jetzt kontaktieren!

Auch wiesen eine Vielzahl von Unterseiten doppelte Descriptions auf. Duplicate Content sollte aber unbedingt vermieden werden.

Zeitarbeit | serviceline PERSONAL-MANAGEMENT GMBH & ...
https://www.serviceline-online.de/fuer-unternehmen/zeitarbeit/
Zeitarbeit – flexibel reagieren, professionell agieren. Mit unseren Mitarbeitern auf Zeit
können Sie schnell und flexibel auf Marktveränderungen reagieren. Jetzt anfragen

Zeitarbeit Office-Management | serviceline PERSONAL-MAN...
https://www.serviceline-online.de/fuer-unternehmen/zeitarbeit/office-management/
Zeitarbeit – flexibel reagieren, professionell agieren. Mit unseren Mitarbeitern auf Zeit
können Sie schnell und flexibel auf Marktveränderungen reagieren. Jetzt anfragen

Beispiel pfando.de

Die aktuellen Titel und Descriptions waren zum Analysezeitpunkt
bereits recht gut, allerdings ließen sie sich wesentlich ansprechen-
der gestalten:

Pfando
www.pfando.de
BARGELD SOFORT & AUTO WEITERFAHREN. Sie erhalten innerhalb von 60 Minuten
Bargeld und nutzen Ihr Fahrzeug wie gewohnt weiter.

Besser ist:

KFZ- & Auto-Pfandleihhaus - Bargeld & weiterfahren
www.pfando.de
KFZ- & Auto-Pfandleihhaus √ Bargeld & Weiterfahren √ schufafrei √ Sofort Bargeld
(heute) √ deutschlandweite Standorte √ Schnell, einfach & unkompliziert!

Microdaten/Rich Snippets

Auch wenn wir uns in unserem Leitfaden auf das Wesentliche konzentrieren, möchten wir *Microdaten* oder *Rich Snippets*, auch *Snippet-
Erweiterung* genannt, nicht unerwähnt lassen. Sie erweitern die Stan-
dardbausteine der Snippets durch zusätzliche Elemente, wie echte
Bewertungssterne (siehe Abbildung), Verlinkungen, Abbildungen,

Preisangaben oder strukturierte Firmeninformationen. Rich Snippets stellen für den Suchenden Zusatzinformationen dar, die durch Formatierungen im Quellcode hinterlegt und in den Suchergebnissen prominent präsentiert werden. Somit können Besucher schneller ermitteln, ob das Suchergebnis für ihre Suche relevant ist, was einmal mehr die CTR verbessern kann.

Die Microdaten können entsprechend *schema.org* ausgezeichnet werden, einem Zusammenschluss von Google, Yahoo und Bing, die damit einen Standard für die Rich Snippet-Programmierung geschaffen haben. Auf diese Weise wird der Suchmaschine geholfen, die Suchergebnisse besser zu verstehen und die hinterlegten Informationen in die Suchergebnisse aufzunehmen. Für die Auszeichnung der Daten müssen Änderungen am HTML-Code vorgenommen werden, man kann hierfür aber auch den Data Highlighter in der Google Search Console nutzen.

Unter http://schema.org/Corporation werden die für ein Unternehmen möglichen Punkte angegeben, die der Suchmaschine wesentlich mehr Daten übermitteln, und dies vor allem strukturiert. Bereitgestellt werden sollten vor allem folgende Informationen: Adresse, bedientes Gebiet, Kontaktdaten, angebotene Dienstleistungen, Gründer und Logo.

Zahnarzt: Selbständig oder angestellt? - DocCheck News
news.doccheck.com/de/534/**zahnarzt**-selbstandig-oder-angestellt/ ▾
★★★☆☆ Bewertung: 3,5 - 15 Abstimmungsergebnisse
31.05.2012 - Dr. Michael Gleau, niedergelassener **Zahnarzt** und Referent in der ... sich Männer weitaus häufiger für die **Existenzgründung** als Frauen.

Die Snippet-Erweiterungen können die Click Through Rate in den Suchergebnissen (Search Engine Result Pages, SERPs) erhöhen und fördern somit bessere Platzierungen in den Suchergebnissen. Wir empfehlen daher, auf geeigneten Unterseite solche Snippets zu verwenden, etwa auf Newsseiten oder in Blogs. Ein Google Tool

für Rich Snippets ist: http://www.google.com/webmasters/tools/
richsnippets

Lokale Suche

Ein Großteil der Suche im Internet spielt sich im näheren Umfeld ab.
Es ist das Gebiet, das für die meisten Handwerker, Händler, Restaurantbetreiber und Freiberufler relevant ist. In den meisten Fällen ist es
sogar das einzige. Trotzdem vernachlässigt diese Zielgruppe die Möglichkeiten der lokalen Suche bislang sträflich, dabei ist sie ein »leichter
Fang«. Wer die lokale Suche bedient, dessen Geschäft kann also einen
deutlichen Schwung erhalten: Früher geschah dies über »Google+«,
ein relativ unbedeutender Dienst, der nicht gezündet hat. Daher nimmt
man den Eintrag heute über Google MyBusiness vor: Melden Sie sich
dort an und lassen Sie Ihre Webseite für die lokale Suche freischalten.
Sinnvollerweise sollten dort die einschlägigen Rubriken wie Öffnungszeiten und Adressdaten ausgefüllt sowie Logos und Fotos hochgeladen
werden. Google passt daraufhin das Suchfeld an.

Quelle: Google

Etwas Technik

Mobile Websites und responsives Design

Die Suche von mobilen Geräten aus, wie Smartphones und Ta-
blets, wird immer wichtiger. Folglich müssen auch die Websites
darauf optimiert sein, was im Kern also bedeutet, wie gut sich
die Seite auf die verschieden großen und vor allem kleinen Bild-
schirme, Ladezeiten und unterschiedliche Nutzerintentionen bei
Desktops, Smartphones und Mobile einstellt. Google legt darauf
besonders hohen Wert und so ist für mobile Geräte angepasstes
Design auch ein wichtiger Qualitätsfaktor geworden. Viele Menschen verfügen übrigens gar nicht über einen Computer oder
Laptop, sondern nur über ein Smartphone. Dies gilt erst recht für
andere Weltregionen, sollten Sie dort tätig werden wollen. Generell kommen immer weniger Suchanfragen vom Schreibtisch aus,
sondern von unterwegs.

Auch diese Zielgruppe möchte der Suchmaschinengigant also zu-
friedenstellen. Hier müssen daher die gleichen hohen Qualitätsstan-
dards eingehalten werden, nur ausgerichtet auf mobile Versionen
und Gepflogenheiten, sonst wird man im Ranking nach hinten gestellt. Google nutzt inzwischen sogar einen »Mobile-First-Index«
zur Bewertung der mobilen Version von Websites. Mobilfreundliche
Webseiten werden also bei mobilen Suchanfragen bevorzugt.

Die Gründe für die Notwendigkeit einer mobilen Optimierung sind
offenkundig: Wenn Mobilnutzer eine nicht optimierte Seite besuchen, gehen sie sofort wieder zurück und erhöhen somit die Absprungrate. Eine extra mobile Website, die wiederum nur wenig
Content hat oder signifikant anders aufgebaut ist als die Desktop-
Website, wird wiederkehrende Besucher verunsichern. Positiv formuliert: Eine optimierte Seite ist attraktiv, ähnelt dem Aufbau der

Desktop-Seite, ist professionell, erhöht das Ranking und lädt die Besucher zum Verbleiben ein.

Für die einzelnen Endgeräte gibt es inzwischen Website-Programme mit Templates und zwei gängige Möglichkeiten: Bei responsivem Webdesign wird allen Geräten derselbe HTML-Code bereitgestellt und die Darstellung jeweils auf die Bildschirmgröße via CSS angepasst (*Cascading Style Sheets*; der Code, der für das Design verantwortlich ist). Bei der dynamischen Bereitstellung hingegen erhalten einzelne Geräte unterschiedliche HTML- und CSS-Codes, je nachdem, welcher User-Agent anfragt. Eine weitere, aber nur theoretische Option wäre, für jedes Endgerät eine extra Seite einzurichten, um eine optimal abgestimmte Performance zu gewährleisten. Dies muss jedoch auch jeweils programmiert werden – ein äußerst hoher Aufwand, der nur sehr selten gerechtfertigt ist.

Der Königsweg ist *responsive:* Mit dieser Lösung nimmt die Seite automatisch auf das oft langsamere Ladeverhalten von Mobilgeräten, aber natürlich besonders auf den wesentlich kleineren Bildschirm Rücksicht. Unabhängig vom Endgerät wird mit *responsive* der gesamte Content überall eins zu eins angezeigt: Die Elemente passen sich in der Größe, Form und Platzierung an die Breite und Funktion des verwendeten Bildschirms an. Responsives Webdesign sorgt am besten dafür, dass es keine starren Seiten mehr gibt, die überhaupt nicht auf verschiedene Geräte eingehen.

Die eigene Webseite sollte man sich von unterschiedlichen Geräten aus anschauen, vorzugsweise jenen, mit denen Ihre Seiten besucht werden, was sich wiederum über Google Analytics herausbekommen lässt. Mit einem Google-Tool kann man testen, ob die jeweilige Seite für mobile Anwendungen optimiert ist: https://search.google.com/test/mobile-friendly

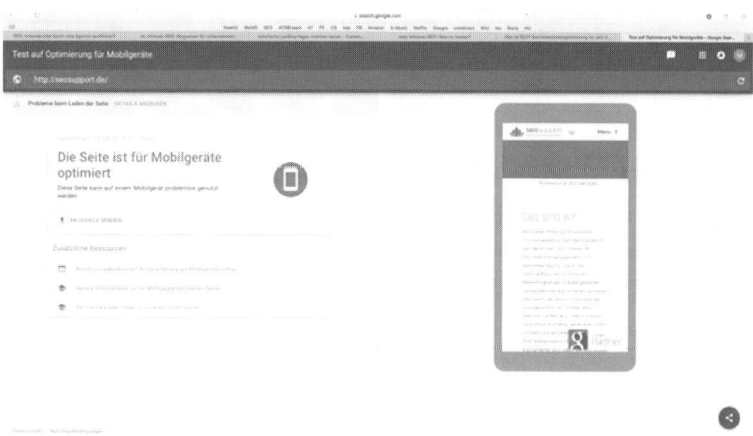

Ist Ihre Seite fit für mobile Geräte? Google testet sie.

Ladezeiten/Pagespeed

Kurze Ladezeiten sind Nutzern wichtig und damit auch Google. Sie werden vor allem auch von eingebauten Bildern beeinflusst. Die Ladegeschwindigkeit einer Website hat direkten Einfluss auf das Ranking in den Suchmaschinen. Eine schnelle Auslieferung der gewünschten Daten verringert die Absprungrate einer Seite, somit steigt die Benutzerfreundlichkeit. Ab Juli 2018 wird dieser Punkt auch bei der mobilen Suche ein Rankingfaktor sein. Damit ist Ladegeschwindigkeit ein Beispiel dafür, wie Google ein Kriterium öffentlich macht und wie es im Verhältnis zu anderen steht: So sind gute und relevante Inhalte beispielsweise wichtiger.

Auch wenn man Ladezeiten nicht um jede Zehntelsekunde teuer optimieren sollte (während leichter zu erzielende Erfolge vernachlässigt werden), sollte man wissen, wo man steht. So lässt sich sicherstellen, dass sich nicht womöglich ein krasser Fehler eingeschlichen hat, der sich tatsächlich gravierend auswirkt. Wir empfehlen, verschiedene Unterseiten zu testen und entsprechende Änderungen zur Pagespeed-Verbesserung vorzunehmen. Die Vorschläge können vom Google PageSpeed Insight Tool entnommen werden. Link: https://developers.google.com/speed/pagespeed/insights.

PageSpeed Insights misst die Leistungsfähigkeit einer Seite auf Mobilgeräten und Desktop-Computern. Es ruft die URL zweimal ab: einmal mit einem mobilen User-Agenten und einmal mit einem Desktop-User-Agenten. Die PageSpeed-Bewertung kann 0 bis 100 Punkte betragen. Eine höhere Punktzahl ist besser als eine niedrige. Eine Punktzahl von 85 oder mehr weist auf eine leistungsstarke Seite hin. PageSpeed Insights wird fortwährend weiterentwickelt. Deshalb kann sich die Bewertung ändern, wenn neue Regeln hinzugefügt oder die Analysemethoden verbessert werden.

Beachtet werden sollte, nur bei deutlichen Hinweisen dort zu reagieren. Es gibt nämlich immer Verbesserungspotenzial. Sonst verzettelt man sich und macht trotzdem nur Fortschritte im Millimeterbereich. In jedem Fall sollte dieses Thema aber beim Ausbau der Seite im Blick bleiben, damit sich die Ladezeiten bei einer größer werdenden Struktur, zahlreichen Unterseiten, mehr Content, Links, Bildern und Grafiken nicht verschlechtert. Beim Relaunch sollten daher von Anfang an folgende Standardmaßnahmen beachtet werden, um eine optimale Performance der Seite zu gewährleisten – jedoch auch hier, ohne den Aufwand zu übertreiben, da eine deutliche Verbesserung der bereits recht guten Ladezeiten nur mit hohem Ressourcenaufwand zu erreichen ist:

Zielseitenweiterleitungen vermeiden, Komprimierung aktivieren, Antwortzeit des Servers verbessern, Browser-Caching nutzen, Ressourcen reduzieren, Bilder optimieren, CSS-Bereitstellung optimieren, sichtbare Inhalte priorisieren, JavaScript-Code entfernen, der das Rendern blockiert und asynchrone Skripts verwenden. Ihr Webdesigner kann mit diesen Begriffen etwas anfangen.

Die Verteilung der FCP- und DCL-Ereignisse dieser Seite, kategorisiert als "Schnell" (oberes Drittel), "Durchschnitt" (mittleres Drittel) und "Langsam" (unteres Drittel). Ladezeiten am Beispiel von eks-parken.de, Quelle: PageSpeed Insights

Crawling- und Indexierungsmanagement

Nicht jede Unterseite ist gleich relevant. Daher sollten Sie sie mittels »Indexmanagement« priorisieren. Vorzuziehen sind naturgemäß jene Seiten, die Ihnen besonders wichtig sind, Besuchern den größten Nutzwert bieten und die bedeutsamsten Keywords enthalten. Die Idee der Indexkontrolle ist es daher, Google anzuzeigen, was die aus Betreibersicht relevantesten Seiten sind.

Die Datei robots.txt – erreichbar etwa über die Google Search Console – steuert und beeinflusst das Crawling der wichtigsten Suchmaschinen. Fast alle Suchmaschinen-Robots halten sich an die Regeln in der robots.txt und suchen zuerst nach dieser Datei, bevor sie mit dem Indexieren Ihrer Seiten beginnen. Die robots.txt-Datei dient aber auch dazu, bestimmte Verzeichnisse einer Webseite von einer Indexierung durch Suchmaschinen auszunehmen, etwa E-Mail-Adressen oder Log-Files. Auch Seiten mit wenig Inhalt oder Standardseiten wie Datenschutzerklärung oder Impressum müssen nicht unbedingt durch Suchmaschinen gefunden werden. Solche Seiten sollten mit dem Befehl »NoIndex« von der Indexierung ausgeschlossen werden.

Ein weiterer Grund, Seiten vor dem automatischen Auslesen zu schützen, sind die bereits erwähnten doppelten Inhalte, die von Google als problematisch angesehen werden. Hierzu sagt jedoch Google selbst: »Das Blockieren des Crawler-Zugriffs auf duplizierte Inhalte auf Ihrer Website (...) wird nicht mehr empfohlen. Wenn Suchmaschinen Seiten mit dupliziertem Content nicht crawlen können, können sie nicht automatisch erkennen, dass diese URLs auf denselben Content verweisen, und müssen sie als separate Seiten behandeln.«[13] Eine passendere Lösung wäre, bei demselben Content auf verschiedenen URLs den sogenannten Canonical-Tag zu nutzen (canonical: vorschriftsmäßig). Dieser wird im <head>-Bereich definiert, alternativ im http-Header. Hierdurch werden Signale von der nicht-kanonischen URL auf die kanonische URL übertragen, woraufhin der Crawler den doppelten Content zwar erfasst, aber nicht negativ bewertet.

Über die Google Search Console (früher Google Webmaster Tools), Server Logfiles oder den Screaming SEO Spider Frog (kostenpflichtig) können Sie testen, wie gut Ihre Seite »crawlbar« ist. Ein systematisches Crawling- und Indexierungsmanagement ist aus mehreren Gründen nötig: Suchmaschinen erkennen nicht, welche Inhalte dem Seitenbetreiber wichtig sind; mit den erwähnten Tools kann man das den Suchmaschinen signalisieren. Daneben werden die Registrierung von eigenen doppelten Inhalten und damit Kannibalisierungseffekte vermieden. Zudem steuern Sie das Crawling- und Indexierungsbudget einer Seite bestmöglich, denn auch der gigantische Google Crawler hat nicht die Ressourcen, alles zu erfassen.

Sie sollten diese Maßnahme von Anfang eines SEO-Projekts an im Blick haben und dies im Plan Ihrer Seitenstruktur vermerken.

Zudem können Sie dieses Instrument strategisch einsetzen und am Anfang viele Seite von der Indexierung ausschließen, um die besonders relevanten zu stärken und sie dann peu à peu wieder für die Indexierung freigeben. Auf diese Weise setzen Sie das Crawling- und Indexierungsbudget effektiv ein. Denn eine Seite hat nur eine begrenzte Menge an Unterseiten, die indexiert werden und somit im Ranking auftauchen. Allerdings schwankt dieser Wert je nach Bedeutung der Domain.

Die Seiten werden also gesehen, genutzt und durch Browser angefordert. Sie werden nur nicht gecrawlt (mit Ausnahme des Beispiels beim doppelten Content). Wenn Sie verhindern oder zumindest regulieren wollen, dass andere Nutzer auf bestimmte Seiten zugreifen (was ein ganz anderes Thema ist), sollten Sie für die entsprechenden Inhalte einen Passwortschutz einbauen oder die Inhalte schlichtweg löschen.

Sitemap

Eine Sitemap ist für manche Besucher hilfreich. Vor allem aber dient sie Suchmaschinen als Dokument mit einer »strukturell einfachen Übersicht« aller verfügbaren Inhalte. Stellt man eine solche Sitemap im XML-Format den Suchmaschinen für eine bessere Crawlability zur Verfügung, können diese sämtliche Seiten erfassen. Diese im Root-Verzeichnis abgelegte XML-Sitemap kann auch in den Google Webmaster Tools hinterlegt werden, um darüber den Status der Indexierung abzufragen. So sind Schwächen im Indexierungsprozess und auch Fehler leichter zu identifizieren.

Statuscodes

Statuscodes sind die Antworten eines Servers auf eine Anfrage, etwa die eines Internetbrowsers. Sie geben an, wie gut die einzelnen

Seiten erreichbar sind. Es liegt im ureigenen Interesse eines jeden Webseitenbetreibers, dass man auf seine Seite auch zugreifen kann.

Idealerweise sollten die Elemente den Code 200 besitzen, was bedeutet, dass die angeforderten Daten wie gewünscht an den Browser übermittelt werden können und alles in Ordnung ist. Seiten, die solch einen Statuscode wiedergeben, werden von Suchmaschinen gecrawlt, gecached und indexiert. Überhaupt stehen alle Codes, die mit einer 2 anfangen, für eine erfolgreiche Übermittlung, wenn auch mit unterschiedlichen Eigenschaften.

Unbedenklich wäre auch der Statuscode 301. Hierbei wurde die Seite auf eine neue Adresse verschoben (etwa während eines Umbaus mit einer neuen Struktur, bei der man jedoch die alte Adresse beibehalten hat; etwa, weil Links dazu existieren). Alarmierend wäre Code 404 für »nicht gefunden«. Wenn externe Links beispielsweise auf 404-Fehlerseiten zeigen, gehen diese Empfehlungen verloren. Um weiterhin von diesen Links zu profitieren, sollte daher eine permanente Umleitung (301 redirect) eingerichtet werden. 403 bedeutet »fehlende Zugriffsberechtigung« und 400 »Fehlerhafte Anfrage«. Eine übersichtliche und permanent gepflegte Internetseite verringert natürlich die Gefahr, dass Anfragen ins Leere laufen und unerwünschte Statuscodes als Antwort überliefert werden statt Ihrer mit Liebe getexteten Inhalte.

Zwischenfazit Onpage-Optimierung

Alle in diesem Kapitel beschriebenen Maßnahmen und Aktionen hat man selbst in der Hand. Mit Fleiß, Kreativität, Arbeitszeit, Programmierung, Gestaltung oder dem Dazukaufen von externen Leistungen lässt sich eine attraktive, suchmaschinenoptimierte Webseite kreieren.

Schaffen Sie sich also eine klare, eingängige Seitenstruktur, die das Wesen und Anliegen Ihres Unternehmens widerspiegelt. Investieren Sie einen erheblichen Teil der Onpage-SEO-Bemühungen in die Keywordrecherche und -strategie. Sie ist die Basis für alles, für die Suchmaschine, aber auch für passende, gute Texte, die Besucher in den Bann ziehen. Formulieren Sie kernige Title-Tags und Descriptions für jede Unterseite. Sie sind der Werbetext in den von Google ausgespielten Suchergebnissen. Genau dort entscheiden User, ob sie auf Ihre Seite gehen.

Wie die Ideen und Entscheidungen in der Realität fruchten, lässt sich über Google Analytics verfolgen. Man sieht dort, wo Besucher hingehen, wie lange sie bei bestimmten Texten verweilen und wohin sie von dort aus springen; auch, von wo sie herkommen. Seitenverantwortliche können daraufhin umsteuern. Genutzt werden sollten auch A/B-Tests (das Testen zweier unterschiedlicher Varianten), etwa wenn man ausprobieren möchte, was wohl bei der Zielgruppe besser ankommt. Suchmaschinenoptimierung ist ein permanenter Prozess, da sich das Nutzerverhalten stets ändert, Ihre Konkurrenz ebenfalls herumschraubt und Google reagiert. Wer jedoch immer an die Nutzer denkt, hat einen steten Leitfaden.

Das bedeutet gleichzeitig, auf alle Tricks und Manipulationen zu verzichten. Wenn überhaupt, funktionieren diese nur kurzfristig; allein schon, weil so Nutzer enttäuscht werden. Vermieden werden sollte jede Form von Internetspam, Keywordstuffing, gestohlenen Inhalten oder obskuren Linkplattformen, die keinen Pfifferling mehr wert sind. Entscheidend ist Qualität und die setzt sich durch, auch wenn man dafür durchaus einen langen Atem benötigt.

SEO oder SEA – was lohnt sich mehr?

Dieses Buch behandelt überwiegend die Suchmaschinenoptimierung. Das Generieren von Besuchern/Käufern via Google-Anzeigen, die über den organischen Suchergebnissen erscheinen, läuft unter dem Fachwort »Suchmaschinenanzeigen« (SEA). In der Praxis wird eine Onlinemarketing-Strategie beides beinhalten, auch optimiert und organisiert durch Agenturen wie der unseren. Trotzdem liegt unser Herzblut, unsere Kreativität und Priorität eindeutig auf dem SEO-Gebiet, was unserer Meinung nach auch für den Kunden günstiger ist. Nehmen wir einmal an, wir würden für die SEO-Keyword-Optimierung, bei dem wir einen ordentlichen Teil des Gesamttraffics abschöpfen, 8.000 Euro in Rechnung stellen. Wer denselben Traffic mit Google-Adwords erreichen möchte, müsste für das entsprechende Thema 68.546 Euro investieren, also mehr als das Achtfache.

Die unten stehende Abbildung verdeutlicht Vor- und Nachteile beider Sparten des Suchmaschinenmarketings.

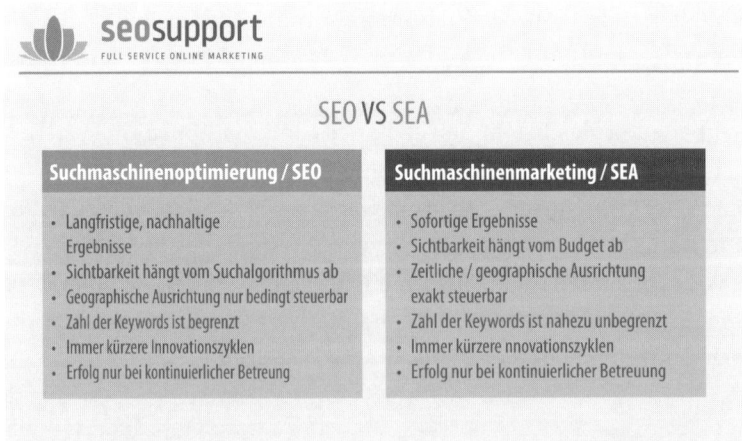

4. Offpage-SEO

Links sind die dritte tragende Säule einer suchmaschinenoptimierten Internetseite und einer der Wesenszüge des Internets. Kern von Offpage-SEO ist das »Organisieren« dieser externen Links und das Vermarkten Ihrer Inhalte, was ebenfalls für Links sorgt, aber auch für die wichtigen Besucherströme. In diesem Kapitel beschreiben wir, wie Sie beides erreichen können. Die entsprechenden Aktivitäten sind eng mit anderen Kommunikationssparten in einem Unternehmen verwandt und die Ergebnisse liegen außerhalb Ihres direkten Einflussbereichs. Sie können animieren, vorschlagen, subtil kommunizieren oder mit der Schrotflinte. Am Ende sind es externe Personen und Organisationen, die darüber entscheiden, und zwar meistens freiwillig, und genau deshalb misst Google diesen Elementen auch so große Bedeutung zu. Die Voraussetzung für einen Erfolg auf diesem Gebiet, dem auch eine gehörige Portion Eigendynamik innewohnt, werden jedoch mit einer guten Webseite geschaffen. Nur mit guten, relevanten Inhalten kann man für Links werben und Marketing betreiben.

Externe Links – und deren Bedeutung

»Das Konzept von Google funktioniert, da es auf Millionen von einzelnen Nutzern basiert, die auf ihren Websites Links setzen und so bestimmen, welche anderen Websites wertvolle Inhalte bieten«, sagt der Suchmaschinenbetreiber selbst.[14] Verlinkungen sorgen, wie der Name sagt, für die Verknüpfungen unterschiedlichster Seiten. Sie sind ein zentrales Bauteil des Internets und ein Symbol für eben diesen Netzcharakter. Links sind Verweise und zusätzliche Informationen und stellen damit Empfehlungen an den Nutzer dar.

Google beschreibt sie sogar pathetisch als Sinnbild für »Demokratie im Internet«.[15] Links stehen für redaktionelle Bewertungen, sind ein bedeutsames Signal im Hinblick auf die Zielseite und damit ein äußerst starker Rankingfaktor. Insofern erfüllen gute, eingehende Links gleich zwei wichtige Funktionen: Sie senden Signale an Google (entsprechend der Wertigkeit der Linkquelle) und sie führen ihnen schlichtweg Besucher zu, was Google natürlich auch in allen Facetten registriert und bewertet.

Gütekriterien von Links

Allerdings ist es nicht egal, von wo aus, wie und in welchem Rhythmus der Link gesetzt wird. Die Quellseiten sind verschieden stark, vor allem aber haben sie aus Googles Sicht unterschiedliche Reputationen und Qualitäten. Wie »gut« also der Link ist, hängt von vielen Aspekten ab, die wir auf den nachfolgenden Seiten erläutern.

Entscheidend ist unter anderem, dass die Links **natürliche Linktexte haben, organisch gewachsen** und **vielfältig** sind und so einen ausgewogenen Linkmix ergeben. Hierzu gehört auch ein **organisches Wachstum** der Linkanzahl. Ihre unnatürliche, sprunghafte Erhöhung kann für Google ein Indikator für ein ungerechtfertigtes Vorgehen sein, was wiederum bestraft wird. Wichtig ist auch die **natürliche Deeplink-Ratio**, also dass auf verschiedene Angebote und Seiten verknüpft wird – und eben nicht nur beispielsweise auf die Homepage, was ebenfalls ein Hinweis auf Manipulation sein kann.

Wichtig für gute Links ist auch die **IP-Popularität** der Seite, von der verlinkt wird: Ist die IP-Umgebung etwa eine Universität oder ein Ministerium? Das ist perfekt! Eine höhere Qualität ergibt sich für Google auch aus unterschiedlichen IPs, was für eine Vielfalt der Quellen steht und ebenfalls seinen Ursprung im Missbrauch durch Linkfarmen hat.

Weiterhin zählt die **Relevanz**: Kommt der Link für eine deutsche Seite auch aus Deutschland oder hängt sie inhaltlich mit ihr zusammen? Für einen Reiseblogger zählen Links von anderen Reiseseiten mehr als von einem Politblog. Wenn der Internetauftritt einer PR-Agentur zu einer Schraubenfabrik verlinkt, bringt das kaum Punkte, genauso wie von einer englischsprachigen Webseite in Ostasien zu einer Bar in Düsseldorf.

Zudem wiegt es schwer, wie prominent und mit wie viel Trust die Seite selbst gesegnet, wie wertvoll und **vertrauenswürdig** sie also ist. Vor allem diesen Faktor beleuchten wir im nächsten Abschnitt, während wir die anderen ebenfalls weiter ausführen. Übrigens betreffen unsere Darstellungen zu den externen Links auch Ihre eigene Seite. Schließlich setzen Sie ebenfalls Verlinkungen, die zu anderen führen.

PageRank™ vs. TrustRank™

> »Wir wenden mehr als 200 Signale und hochspezialisierte Technologien an, um die Wichtigkeit jeder Webseite einzuschätzen. Von besonderer Bedeutung ist dabei unser PageRank™-Algorithmus, mit dessen Hilfe wir analysieren, welche Websites von anderen Seiten im Internet für gut befunden werden.«[16]

PageRank – was nicht vom englischen Begriff für Seite, page, sondern vom Google-Mitbegründer *Larry Page* abzuleiten ist – hat früher rein auf die Stärke einer linkgebenden Seite abgezielt, unabhängig von der Qualität und dem Nutzen. Dies hat sich dramatisch geändert und der patentierte TrustRank ist zusätzlich ins Spiel gekommen, dessen Bedeutung wir im gleich folgenden Abschnitt erklären werden. Trotzdem bucht Google unter dem Namen PageRank auch das neue Prinzip ab. Wir erwähnen dies deshalb, weil einige Autoren schreiben, der PageRank sei tot. Dies stimmt jedoch nicht. Tot ist nur das einstige ausschließliche »Stärke-Prinzip«, das sich Linkfarmen und Spammer zunutze gemacht hatten. Unter dem Namen PageRank führt Google also immer noch einen wichtigen funktionierenden Faktor, siehe obiges Zitat.

Ausgangspunkt der Trust-Idee sind manuell definierte Seiten mit der allerhöchsten Autorität, also von Regierungsstellen, Ämtern oder Universitäten. Wird von diesen Seiten aus verlinkt, erhält die Zielseite einen Teil dieser Stärke, von dem wiederum etwas abfärbt auf von dort verlinkte Seiten und so weiter. Dieses Prinzip der Autorität/TrustRank (die aber nicht geteilt wird im Sinne von »kleiner werden«, sondern von »abfärben«), ist ein wichtiger Bestandteil des Algorithmus.

TrustRank bemisst sich sehr stark an der seriösen Linkpolitik der Linkquelle. Da kann auch eine private Seite genauso gut abschneiden wie ein bekanntes Medium. Schließlich ist sie aus Google-Sicht genauso vertrauenswürdig. Der TrustRank steht für Qualität im Sinne von Vertrauen, PageRank für Quantität im Sinne von Wahrscheinlichkeit, durch einen Link auf diese Seite geleitet zu werden.

Daneben ist aber auch die **inhaltliche Qualität** der Linkquelle ein Faktor und nicht nur, wie ihre Linkstärke ist. Hier gelten die gleichen Kriterien wie im Abschnitt »Guter Content« dargestellt und auch die generelle Qualität. Es zählt ebenso, wie stark oder wohin verlinkt wird; also, ob es eine verkappte Linkfarm ist oder nur auf organische Weise Links gesetzt werden. Auch das Alter der Domain wird hier positiv wahrgenommen. Weiterhin: Je weniger Links von einer Seite abgehen, umso wertvoller ist der ausgehende, also umso besser.

Unterm Strich wird also eine Linkquelle mit alledem bewertet, was Google sonst auch wichtig ist, und dementsprechend viel ist ein Link zu einer Seite wert (ein Wert, der nicht in einer bloßen Zahl ausgedrückt werden kann). Alle in diesem Buch beschriebenen Kriterien,

Ansprüche, Ziele und Maßnahmen – nicht nur im Hinblick auf die Domain und den Gesamtauftritt, sondern bis hin zum jeweiligen Text, von dem aus verlinkt wird – betreffen logischerweise auch die linkgebende Quelle. Je besser die Seite und die Unterseiten in den Augen Googles dastehen, desto mehr ist der Link auch wert. Hinzu kommen viele Details: Nachträglich gesetzte Links zählen nicht so viel wie jene, die zum Veröffentlichungszeitpunkt eingebaut worden sind. Auch sind Links besser, wenn sie flüssig im Text untergebracht sind und nicht als Extra im Anhang unter dem Text.

Wir sollten uns aber vergegenwärtigen: All diese Dinge – erst recht nicht die Qualität einer externen Seite – haben Sie nicht in der Hand, schon gar nicht in dieser Detailtiefe. Wir stellen dies aber ausführlich dar, um die Grundphilosophie und die Mechanismen zu erklären. Man könnte förmlich die bekannten unter den 200 Google-Faktoren durchdeklinieren. Viele davon beeinflussen auch die Güte eines Links.

Eine Internetseite hat nicht global eine Stärke, innerhalb eines Internetauftritts gibt es Abstufungen, was sich auch auf die weitergegebene Linkstärke auswirkt: In der Regel schreibt die Suchmaschine der Startseite die größte Stärke und Relevanz zu. Darauf folgen die URLs, die von allen Seiten aus (automatisch/standardmäßig) verlinkt sind, etwa »Kontakt« oder »Impressum«. Erst dann folgen die manuell verlinkten Seiten, die für die wichtigsten und keywordoptimierten Themen stehen. Am Ende steht alles andere. Diese haben, relativ gesehen, die geringste Bedeutung, was die Linkstärke angeht. Ein Link von der Startseite oder gleich dahinterliegenden URLs ist also besser als einer aus dem Hinterland.

Jeder Link ist jedoch nur so stark, wie er auch genutzt wird. Am Ende zählt lediglich, wie viel **Traffic** über diese Links kommt und wie sich die Besucher verhalten, was bedeutet, ob sie schnell wieder abspringen oder eine Vielzahl von Seiten aufrufen. Deshalb ist die Qualität Ihrer Zielseite auch so bedeutend.

Generell gilt für den Linktext: »Mit einem geeigneten Ankertext ist der Inhalt der verlinkten Seiten für Nutzer und Suchmaschinen gut zu erkennen.«[17] Der Begriff sollte also eindeutig und relevant sein und eben zum Klicken anregen, wozu er ja da ist. Es sollten also zwei, drei Wörter oder ein knackiger Begriff verlinkt sein. Und natürlich sollte er als Link formatiert sein, damit sie sich vom normalen Text abheben (was jedoch Webdesignprogramme meist automatisch machen).

Daneben gibt es Faktoren, die die reine Eigenschaft des Links betreffen. Ankertext bezeichnet den als Link markierten Teil des Textes, auch Linktext genannt. Ist beispielsweise ein Link in einem generischen Ankertext untergebracht – etwa »Auto«, »Handy« oder »Lampe« –, so ist ein darin eingebauter Link zu einschlägigen Anbietern, Händlern oder Herstellern wenig bis gar nichts wert. Denn Google ist der Meinung, dass dahinter eher manipulativer Linkaufbau steht, statt eines Nutzwerts oder organisch gesetzten Links zu einem interessanten Text.

Hintergrund dieser Vorsicht und ausgeklügelten Herangehensweise sind die Exzesse im Linkaufbau bis vor sieben bis acht Jahren, wo man sich die (damals eben auch funktionierenden) Links einfach kaufen konnte. Heute ist das Credo, vereinfacht gesagt: Alles, was mit kreativer Anstrengung zu tun hat (wobei allein das kein Garant ist), also ein echter, wahrhaft entstandener Marketingerfolg ist, wird von Google goutiert. Links, die sich kaufen lassen und leicht zu erreichen sind, und sei es auch »nur« durch Fleiß, sind nichts wert oder zahlen sogar auf ein »Minuskonto« ein. Daher lassen Sie bitte die Finger weg von billigen Link-Einträgen in Gästebüchern, Kommentarspalten, Branchenkatalogen, Tauschportalen oder PR-Plattformen, All dies steht bei Google auf der schwarzen Liste, genauso wie selbst geschaffene Linksprungbretter von SEO-Agenturen. Kein seriöser Anbieter führt heute noch so etwas in seinem Portfolio. Und wie der nächste Abschnitt zeigt, sind sie oft ohnehin auf »nofollow« gestellt.

Apropos PR-Plattformen, hierzu ein kleiner Hinweis: Man kann dort (fast immer) kostenlos seine Pressemitteilungen hinterlegen, sie wird allerdings von keinem Journalisten gelesen. Es gibt ausgewählte Presseverteiler wie ots (von der dpa-Tochter news-aktuell, die Kosten liegen einmalig bei knapp 400 Euro), bei denen es durchaus Sinn macht, eine werthaltige Meldung zu publizieren. Dominiert wird das Angebot jedoch von »Presseschleudern«, die kostenfrei sind und von denen wir abraten, etwa Open-PR und andere. Kein Medienvertreter nutzt diese Dienste und schließlich ist es Ihr Ziel, von ihnen wahrgenommen zu werden.

Nofollow

Die Bedeutung externer Links fußt darauf, dass der Ruf einer Webseite auf eine andere übertragen wird, neben anderen Funktionen eines Links, wie Traffic oder Empfehlung. Trotzdem kann es vorkommen, dass dies bewusst vermieden werden oder Google gezeigt werden soll, dass in diesem einen Fall, etwa einer einzelnen Seite, dieser Mechanismus außer Kraft gesetzt wird. Weil Sie beispielsweise einen kritischen Text über ein Unternehmen geschrieben haben und dorthin verlinken, aber naturgemäß nicht auch noch von Ihrer Reputation etwas abgeben möchten. Oder aber, wenn in Kommentar- und Forenseiten etliche Besucher externe Links zu ihren Seiten einbauen, was der Seitenbetreiber nicht im Einzelfall bewerten und einordnen kann. Dann wird ein Nofollow-Link gesetzt. Der Link funktioniert dann noch, aber nicht mehr die »Kraftübertragung«. In vielen Webdesignprogrammen sind Links in Nutzerkommentaren automatisch mit »Nofollow« versehen und werden dahingehend ignoriert. Sie schützen sich unter Umständen damit auch selbst vor einer Abstrafung für den Fall, dass es aus Googles Sicht zu viele sind. Denn Google vermerkt es negativ, wenn beispielsweise zu Spamseiten verlinkt wird. Seiten mit vielen ausgehenden Links, wie von großen Medien oder auch Wikipedia sind standardmäßig »nofollow«.

Der Browser Google Chrome bietet per Rechtsklick die Möglichkeit, den Link zu untersuchen, wodurch sich der Quellcode des Links lesen lässt, der bei Nofollow als rel=«nofollow» definiert ist. Für den nutzerfreundlicheren Gebrauch empfehlen sich Add-Ons/Browser-Erweiterungen wie etwa SearchStatus für Firefox.

Linkmarketing

Externe Links zu erhalten, das hört sich zunächst einfach an. Tatsächlich ist es eine Mammutaufgabe. Und genau deshalb bewerten Suchmaschinen eingehende Links auch so hoch. Während die Recherche nach Keywords und deren Einbauen eine Kreativ- und Fleißarbeit ist und das Erstellen eines attraktiven Titels und einer Beschreibung das Ergebnis einfallsreichen Textens, entzieht sich das Erhalten externer Links Ihrer vollständigen Kontrolle. Deshalb nennen sich diese Links auch »extern«. Sie können aber eine ganze Menge dafür tun, damit sie gesetzt werden, etwa darum werben, und damit unterliegt das Linkmarketing, was nicht zufällig so heißt, auch ähnlichen Gesetzen wie die sonstige Kommunikationsarbeit eines Unternehmens (Marketing, PR oder artverwandte Sparten). Sie können also niemanden zwingen, aber die Voraussetzungen dafür schaffen. Wir werden die möglichen Bemühungen und Aktivitäten daher ausführlich beschreiben.

Manchmal kann es passieren, dass externe Links einfach so auftauchen, etwa bei einem Hype. Vielmehr müssen sie organisiert werden, etwa durch Eigen-PR, Pressearbeit, Direktansprache von Seitenbetreibern oder durch die mehrfach angesprochenen teilenswerten und mitteilenswerten Inhalte. Auf diese Weise können Verknüpfungen generiert werden, etwa von Blogs, Branchen-Portalen oder in Kommentarspalten, die allerdings meist einen Nofollow-Tag haben, aber zumindest Besucher zu den Seiten leiten.

Mit interessanten und nützlichen Inhalten erhöhen Sie Ihre Chancen, dass andere sie als wichtig für sich und ihre Leser ansehen und sie via Link zu Ihnen schicken. Doch am Ende setzt der Betreiber der linkgebenden Seite den Link aus freien Stücken und oft auch ohne einen direkten Kontakt zu Ihnen, sondern weil er Ihren Inhalt schlichtweg passend und gut findet. Es ist damit wie eine unabhängige Zeitung, die als Ergebnis erfolgreicher Pressearbeit über eine Firma berichtet. Auch dorthin führen Dutzende Wege, vom reinen Versenden einer Pressemitteilung über einen Direktanruf bis zu Mund-zu-Mund-Propaganda.

Nochmal: Aus Googles Sicht ist eine Verlinkung eine wahrhafte Empfehlung, keine gekaufte Anzeige. Denn die wiederum bietet das Unternehmen selbst an und will damit Geld verdienen. Google dürfte es also bei seinem Algorithmus und seiner gezielten Kommunikationspolitik zu ausgewählten Rankingfaktoren nicht nur um eine Qualitätskontrolle gehen. Vielmehr möchte das Unternehmen damit sicher auch andere Maßnahmen und Geschäftsmodelle verhindern, die den Erfolg seines Goldesels Google AdWords schmälern.

Das Handwerk und die Mechanismen beim Linkmarketing sind eng verwandt mit anderen Kommunikationsmaßnahmen. Die ersten Schritte sind dabei eine gute Reputation, das Erschaffen einer Marke und der Aufbau von guten Inhalten. Sie führen nicht per se zu Links, schaffen aber die Basis dafür, dass über die Zeit tatsächlich Verlinkungen entstehen. Nehmen wir einmal Blogger: Wenn sie wöchentlich mehrere Beiträge verfassen, aktiv sind, sich in der Community vernetzen, dann führt dies förmlich zwangsläufig – interessante Beiträge und viele Besucher vorausgesetzt – zu Links. Es ist keine Garantie und auch kein Automatismus, aber die Wahrscheinlichkeit steigt und es ist nach unserer Erfahrung auch der natürliche Lauf der Dinge, über diesen Weg zu Verlinkungen zu gelangen. Gerade beim Linkmarketing muss man einen langen Atem haben und aus diesem

Grund stellen sich Erfolge bei Suchmaschinenoptimierung auch erst nach einigen Monaten ein.

Wie so oft hilft auch ein Blick auf erfolgreiche Wettbewerber. Kann ich mir dort etwas abschauen? Wer verlinkt auf sie? Können Sie Backlinks »nachbauen«? Es kann durchaus auch ein Anruf bei der Linkquelle helfen. Nicht um ihnen einfach einen Link unterzuschieben, sondern um ins Gespräch zu kommen und zu eruieren, wie man zusammenarbeiten könnte. Dabei sollte es nicht vordergründig um den Link gehen, obwohl er Ihr Ziel ist, sondern um einen Mehrwert für den anderen, beispielsweise einen Gastbeitrag, unter dem Ihr Name samt Link steht oder einen Verweis zu Ihrem neuen Buch, das auf Ihrer Seite vorgestellt wird. Dabei sollte wiederum auf exzessives und unpassendes Einbauen von Links verzichtet werden[18], da dies den Hauptzweck des Artikels vom Informieren zum Verlinken verschieben würde. Google mag keine »Spamlinks«, genauso wenig wie Gastartikel von Autoren, die von ihrem Thema keine Ahnung haben. Also: Schreiben und platzieren Sie keine Artikel nur der Links wegen.

Auch Linktausch bietet sich unserer Meinung nach durchaus noch an, aber er muss angemessen sein, thematisch passen und in ein natürliches, tatsächliches Informationsangebot eingebettet sein. Jedoch sollte der Betreiber der Internetseite einen Nofollow-Befehl einbauen, sonst liegt laut Google ein Verstoß gegen »die Richtlinien zu Linktauschprogrammen von Google« vor. Auch wenn ein Blogger im Gegenzug für Links, die PageRank weitergeben, Produkte oder Dienstleistungen erhalten hat, muss er einen Nofollow-Tag setzen. Die dahinterstehenden Links sind trotzdem nützlich und funktionieren, denn sie werden Besucher generieren. PageRank dürfen sie allerdings nicht weitergeben, da die Links nicht organisch entstanden sind.[19]

Auch und vor allem große Medien dürften *Nofollow-Links* setzen. Schließlich bieten sie ganz andere Mengen an Beiträgen und wollen durch ihre externen Links, die sie als Quellenbeleg oder Zusatzinformation nutzen, nicht irgendwann als Linkfarmen deklariert werden. Sie müssen dies mit Augenmaß machen und bei manchen Onlinemedien lassen sich daher auch nur in reduziertem Umfang Links finden.

So wie bei der generellen PR/Pressearbeit/Kommunikationsarbeit sollten Sie alle relevanten Plattformen und Fachportale durchdeklinieren und feststellen, wo Ansatzpunkte sind. Wer Bücher geschrieben hat, klappert thematisch nahestehende Blogger ab, die eine Rezension schreiben, bei der ein Link einfach dazugehört. Ein Fachanwalt bietet einen Gastbeitrag auf Seiten an, auf denen sich Betroffene austauschen, etwa geprellte Anleger. Vor allem Verbraucherthemen bilden eine beliebte Quelle. Wenn ein IT-Spezialist eine Präsentation vor dem örtlichen Gewerbeverband gibt, wird er auf deren Internetseite mit Link angekündigt.

Jeder weiß am besten, in welchem Umfeld er sich bewegt, wer die Multiplikatoren sind, wo es Plattformen und Foren gibt, Vereinigungen und natürlich Medien und Blogger. Entscheidend ist hier auch das Attribut »aktuell«. Diesen Multiplikatoren muss man etwas Aktuelles anbieten. Außerdem ist alles ein Geben und Nehmen und jeder sollte sich dort nachhaltig und reell engagieren. Daneben liegt es auf der Hand, in Gruppen und Foren nicht mit der Tür ins Haus zu fallen. Es ist wie im echten Leben, zumal man sich in der Regel gar nicht persönlich kennt: Also erst einmal bekannt machen, sich einbringen – und dann nach einiger Zeit mit seinem Anliegen kommen. Man muss daher eine gehörige Vorlaufzeit einplanen und kann nicht erst dann beginnen, wenn das Produkt/das Informationsangebot fertig ist und vermarktet werden muss, sondern man sollte weit vorher anfangen, die Kontakte zu knüpfen. Zudem muss man immer sondieren, wie es andere gemacht haben, wie die Gepflogenheiten auf der jeweiligen Plattform oder in der Community sind. Legendär sind Facebook-Gruppen, in denen Leute Mitglied werden und dort erstens sofort und zweitens mit ihrer plumpen Werbung loslegen. Es ist klar, dass das nicht funktioniert. Ins Feld geführt werden sollten also echte Informationen und Nutzwert. Versetzen Sie sich auch hier wieder in die Lage der anderen.

Systematisches Vorgehen ist gefragt, die möglichen Maßnahmen sind mannigfaltig wie die generelle Welt des Marketings: Direktkontakt, persönliches Kennenlernen vor Ort, Anrufen, Anfragen, ein Plausch beim Neujahrsempfang oder Verteilerlösungen. Als Aussteller auf einer Messe oder Mitglied eines Verbandes wird Ihnen, je nach Organisationen, dort automatisch ein Link gelegt. Wer eine spektakuläre Meldung in die Welt gesetzt hat und weitergehende Informationen auf seiner Internetseite bietet, für den ist die Wahrscheinlichkeit hoch, dass er Links erhält. Dies hat zwar auch etwas mit Content Marketing zu tun. Doch Linkmarketing geht damit einher und das Handwerkszeug ist dasselbe.

Es ist also klassisches Handwerkszeug, einmal gedanklich sein geschäftliches Sternensystem durchzugehen. Es finden sich dort sicherlich Kunden, Lieferanten, Dienstleister oder Verkäufer der von Ihnen hergestellten Produkte, bei denen sich Ansatzpunkte für Verlinkungen bieten. Mit solch einem firmeneigenen Linknetzwerk und themenrelevanten Partner-Websites kann man relativ leicht seine Linkpopularität steigern und vor allem auch kontinuierliche Verlinkungen erhalten. Im Blick sollte man dabei auch ausgewählte, also relevante Internetverzeichnisse und Branchenbucheinträge haben. So handhaben es die Wettbewerber auch. Durch solche, von den fremden Seitenbetreibern verantworteten Aktivitäten ist automatisch sichergestellt, dass die von Google geforderten Attribute *organisch gewachsen, natürlich* und *vielfältig* zum Tragen kommen, sie also nicht »werblich-gekaufter Natur« sind.

Mit diversen Tools, etwa der Google Search Console, lassen sich übrigens eingehende Links checken, was besonders auch für den nächsten Aspekt von Bedeutung ist: Denn zum Linkmarketing gehört auch das genaue Gegenteil, nämlich das Ausmisten unliebsamer Links. Es ist in etwa so, wie ein Markenhersteller aus Reputationsgründen penibel darauf achtet, nicht in Ramschläden gelistet zu werden und dies Teil seiner offiziellen Geschäftspolitik ist. Ähnlich wie bei schlechten Seiten im eigenen Portfolio sollte man daher auch alles dafür tun, miserable Links auszumerzen, etwa weil sie von prekären, irrelevanten Seiten oder gar von Linkfarmen stammen. Dies kann durchaus aufwendig werden, man muss gegebenenfalls einzeln die entsprechenden Seiten abklappern. Doch Google misst diesen Seiten einen kläglichen Wert zu, sodass es dafür Punktabzug geben würde. Google erwähnt ausdrücklich die Konstellation, wenn über »bezahlte Links oder sonstige Linktauschprogramme fehlerhafte Links erstellt werden, die gegen unsere Qualitätsrichtlinien verstoßen.«[20] Neben dem Aufbau guter Links ist also auch das Aufräumen ratsam, um Jugendsünden und Fehltritte vergessen zu machen (meist gehen solche Links ja auf Sie zurück...).

Sie sollten dazu den Betreiber der Internetseite, von der der Link kommt, kontaktieren und ihn bitten, den Link zu entfernen. Fruchtet dies nicht, oder wird diese Seite gar nicht mehr aktualisiert, weil das Geschäftsmodell nicht mehr funktioniert, sollte man die Google Search Console zu Hilfe nehmen. Dort gibt es das sogenannte Disavow Tool (disavow = verleugnen): In der Rubrik »Backlinks für ungültig erklären« lässt sich genau das tun. Das heißt natürlich im Gegenzug auch, das eigene Forum sauber zu halten und vor Spam zu schützen. Entweder durch permanente Pflege oder durch Vorsichtsmaßnahmen wie das Nutzen von Captchas.

Werden Links gesetzt, sind für Google Ausschläge und Abschweifungen vom Normalen immer suspekt. Sie können erklärbar sein und somit legitim, aber erst einmal sind sie auffällig. Etwa wenn plötzlich die Anzahl der Links für deutschsprachige Seiten sprunghaft angestiegen ist, wenn sie aus dem nichtdeutschsprachigen Ausland kommen, oder wenn andere Kennziffern abweichen, wie etwa die Deeplink-Ratio, die das Verhältnis aufzeigt zwischen Links, die ins »Hinterland« gehen, und jenen auf die Startseite. Für all dies gibt es keine absoluten Schwellenwerte und sie werden im Vergleich zu ähnlichen Internetseiten bewertet.

Analyse: Linkübersicht/Linkstreuung am Beispiel vom pfando.de

Analyse: Linkübersicht/ Linkstreuung am Beispiel von pfando.de, Quelle: Xovi Suite

Die Domain pfando.de verfügt nach einer Offpage-Analyse über 195 eingehende Links, die allerdings nur von 475 unterschiedlichen Domains stammen, was wiederum SEO-relevant ist. Die Domain besitzt damit zwar bereits wichtige Backlinks, allerdings ist die Qualität der Backlinkstruktur verbesserungsfähig. Durch eine gezielte Linkkampagne lässt sich die Anzahl und Qualität der Verlinkungen erhöhen, um so bessere Platzierungen in den Suchmaschinen zu erreichen.

Akquisitionsmix von Besuchern

Google weiß und sieht alles. Dazu gehört auch, auf welche Weise die Besucher zu Ihnen kommen, was mutmaßlich ebenfalls unterschiedlich stark gewichtet wird. Nutzer, die Ihre Internetadresse direkt eingeben, weil sie sich die Seite gemerkt haben, oder sogar Lesezeichen gesetzt haben, weil ihnen die Seite dermaßen wichtig ist, zählen besonders viel, wobei jeder Besucher ein Gewinn ist. Google honoriert offenbar auch einen Akquisitionsmix, also die Mischung aus dem Vorgenannten, Links (ebenfalls ein Bonus), Social Media (was nicht extra zählt, aber auch eine Akquisitionsleistung ist) oder Traffic über die organische Suche. So oder so, dies sind die Quellen Ihrer Nutzer, sonst ginge keiner auf Ihre Seite, und alle sind wichtig. Nicht zählen allerdings User, die über Anzeigen zu Ihnen gelangt sind. Zu all diesen Punkten und Daten hat Google ausgezeichnete Erkenntnisse, die sich obendrein schwer manipulieren lassen. In der Rubrik »Akquisition« von Google Analytics kann man erfahren, woher die Seitenbesucher stammen, heruntergebrochen bis hin zu Facebook oder Instagram (»Social«). Dieser und auch alle anderen Aspekte geben wertvolle Informationen zum Nutzerverhalten, aus denen jeder seine Schlussfolgerungen ziehen sollte.

Onlinemarketing

Aus Marketing- und PR-Sicht bieten die längst nicht mehr ganz so »neuen Medien« und namentlich das Internet einen enormen Vorteil: Sie erreichen direkt die Öffentlichkeit und sind nicht mehr auf Journalisten oder andere Mittler angewiesen. Egal wie man zu ihm steht, rein PR-mäßig gesehen macht es US-Präsident Donald Trump mit seinem berühmten Twitterprofil vor. Presseleute und andere Multiplikatoren sind keine alleinigen Gatekeeper mehr. Jeder Bürger und Kunde kann, zumindest rein technisch gesehen, ohne Umwege und ungefiltert angesprochen werden.

Dieses Buch soll kein Kompendium zum Onlinemarketing sein, dennoch sind die Vermarktung der eigenen Internetseite und Inhalte oder das bereits erwähnte Linkmarketing wichtige Teile davon. Wir haben bereits darauf hingewiesen, dass Sie mit einem ganzheitlichen Konzept am besten fahren. Zu einem runden Programm gehören meinungsbildende Foren- und Social-Media-Beiträge, das Veröffentlichen von Presseinformationen, das Platzieren von Artikeln, Blogging und Dutzende anderer Kommunikationsmaßnahmen (siehe auch unseren Kasten zu Elementen und Vermarktungskanälen). Wer dies nicht selbst in die Hand nehmen möchte, dem bieten gute

SEO-Agenturen alle diese Formate an oder kooperieren hierfür mit PR-Agenturen.

Die Kernelemente des Onlinemarketings, die direkt mit der Suchmaschinenoptimierung verbunden sind, erklären wir auf den folgenden Seiten besonders. Sie haben zum Ziel, die Inhalte Ihrer Seiten mit der »Außenwelt« zu verknüpfen, diese breit zu streuen, bekannter zu machen und dadurch Traffic zu erhalten, vor allem auch über Social-Media-Kanäle oder Business Networks. Natürlich gibt es innerhalb der Kommunikationsarbeit viele andere wichtige Beweggründe und Hebel außer der Suchmaschinenoptimierung. Doch dort, wo es sich anbietet und angemessen ist, sollten die PR- und Marketingelemente auf Ihre Internetseite abgestellt sein und Traffic zu Ihnen lotsen.

Reputationsmanagement

Professionelle Kommunikationsarbeit hat stets die grundlegenden Ziele im Blick. Dazu gehört auch die Onlinereputation, die wir anfangs erwähnt hatten. Sich einen guten Namen zu machen (und ihn zu halten) und Vertrauen bei Nutzern aufzubauen, sind wichtige Erfolgsfaktoren, ja absolute Grundvoraussetzungen, um am Markt zu bestehen.

Manchmal allerdings muss man die Reputation wiederherstellen. SEO-Maßnahmen, wenn das Kind in den Brunnen gefallen ist, basieren dabei oft auf Verdrängung. Negative Informationen im Internet von unabhängigen Medien und Plattformen lassen sich nur schwer wieder auslöschen (»das Internet vergisst nichts«). Sie können sich aber bemühen, sie bei den Suchergebnissen nach hinten zu schieben, sodass sie kaum noch jemand sieht. Erreicht wird dies durch positive, andere und neue Informationen auf den vorderen Plätzen, zu denen man durch die in diesem Buch skizzierten Maßnahmen gelangt.

Für harte Krisenfälle nutzen wir das Überlagern von beispielsweise Microsites. Das sind kleine, sehr überschaubare Seiten meist nur zu einem Aspekt, die auf die Bedürfnisse und Keywords der jeweiligen Organisationen optimiert sind. In der Regel bauen wir sogar zwei bis vier eigenstandige Microsites mit direktem Bezug zum Unternehmen auf. Der Inhalt befasst sich dabei mit je einem Themengebiet. Auf diese neuen Angebote konzentrieren wir dann die Suchmaschinenoptimierung. Microsites auf einer eigens dafür geschaffenen Domain bedeuten eine Streuung Ihrer Webpräsenz und sind sonst nicht zu empfehlen. Bei speziellen Anlässen ist dies allerdings angebracht.

Zum Reputationsmanagement gehören auch gute Bewertungen, wenn sie relevant für die Organisation sind, auf einschlägigen Portalen. Allerdings warnen wir ausdrücklich davor, sich Bewertungen als Auftragsarbeit schreiben zu lassen, gar von Agenturen. So etwas fällt auf, vor allem, wenn es in Serie passiert. Sinnvoller und authentischer ist es, die Käufer Ihres Buchs oder die Besucher Ihrer Ferienwohnung schlichtweg zu fragen, ob sie anschließend nicht eine Bewertung verfassen möchten? Es ist wie beim Linkmarketing: Mit einem soliden Angebot, stetigem Kommunizieren und etwas Zeit gelangt man nach einigen Monaten fast automatisch ans Ziel.

Mögliche, klassische Maßnahmen wären:

➤ Relevante Einträge in echten und funktionierenden Branchenverzeichnissen und Businessplattformen anlegen.

➤ Artikel und Interviews auf Fachportalen, in Onlinemagazinen und Zeitungen platzieren. Geschieht dies in einer passenden thematischen Umgebung, unterstützen sie durch Erwähnungen die Markenbildung und bauen SEO-relevante Verlinkungen zur Ihrer Website auf.

> ➤ Onlinemeldungen, etwa auch von Pressemitteilungen auf einschlägigen Portalen, erscheinen sehr weit vorne im Google-Ranking. Solche PR-Plattformen, auch jene der dpa-Tochter news aktuell (ots), besitzen wenig oder keinerlei Relevanz für Journalisten, können allerdings beim Ranking helfen.

Systematische Suchmaschinenoptimierung, richtiges Linkmarketing, das auf die passenden Landingpages verlinkt, professionelles Content Marketing, Einträge in starken Branchenverzeichnissen oder Pressemeldungen in prominenten Medien – die Ergebnisse all diese Maßnahmen von Ihnen färben auf eine gute Reputation ab. Wer mit negativen Fundstellen vorn rankt, hat immer das Ziel, diese nach hinten zu schieben. Und so wie man regelmäßig die Qualität seiner Links checkt, sollte man dauerhaft auch alle Beiträge und Veröffentlichungen zu seinem Unternehmen überwachen, wenn dies nicht schon ohnehin der Fall ist, beispielsweise mit einem täglichen Pressespiegel, der heutzutage selbstverständlich Onlinemedien beinhaltet, und einem Google Alert zu Ihrem Unternehmen und den dazugehörigen Namen und Begriffen.

Ziel der in diesem Abschnitt beschriebenen Aktionen sollte es also sein, die Suchergebnisse dahingehend zu beeinflussen, dass User bei der Eingabe des Firmennamens positive Veröffentlichungen/Einträge zum Unternehmen finden.

Vermarktung und Content Seeding

Gutes Content Seeding (nicht zu verwechseln mit Content Marketing, mit dem wir uns später noch befassen werden) ist dazu da, Ihre einmal erstellten Inhalte bekannt zu machen und zu verbreiten. Ziel ist es, Links zu den eigenen Inhalten zu erhalten oder Seitenbesucher zu generieren, auch durch klassische Kommunikationsarbeit, mit der man seine Seite und deren Inhalte vermarkten kann.

Die Übergänge zwischen den einzelnen Kommunikationsgebieten sind da fließend. Links und Nutzer sollen damit der Suchmaschine Relevanz signalisieren und entsprechend Ihr Ranking verbessern.

Ähnlich wie bei Sozialen Medien (die im Grunde genommen ein wichtiger Teil des Content Seedings und Webseitenvermarktung sind) gibt es dabei deutliche indirekte Effekte: Gute Inhalte erzeugen Traffic oder sorgen für Empfehlungen, sei es durch direkte Links, Weiterleitungen von Newslettern oder Mund-zu-Mund-Propaganda. Denn Ihre sorgfältig kreierten Inhalte sind eben nur so gut, wie sie auch besucht und gelesen werden. Und an dieser Stelle gehen die am Anfang des Buchs beschriebenen Kommunikationsziele Hand in Hand: Suchmaschinenoptimierung und der Zugriff auf Ihre Inhalte funktionieren am besten, wenn Sie eine starke Marke und eine hohe Reputation haben. Denn so werden Sie als verlässliche, relevante, überhaupt erst bekannte Informationsquelle angesehen. Damit steigt auch die Chance, ohne permanente direkte Bemühungen viele Nutzer zu erhalten, wobei diese Anstrengungen natürlich schon zu früheren Zeiten stattgefunden haben, als Sie sich die Marke aufgebaut und einen Ruf erarbeitet haben. Oft ist dies eine Investition von Jahrzehnten, bei denen Sie nun die Ernte einfahren, ohne selbstverständlich mit dem Bestellen des Ackers nachzulassen.

Auf diese Weise erlangt man auch den wertvollen Akquisitionsmix, den Google so schätzt: Direkteingabe der URL, Lesezeichen, Verlinkungen, Suchmaschinen oder Social Media. Dies alles ist aber bereits das Ergebnis von gutem Marketing. Wir wollen damit aufzeigen, dass kaum jemand bei null anfängt, sondern man genau bei diesen Kontakten, Resultaten oder früheren Maßnahmen ansetzen und weitermachen kann.

Guter Inhalt, genauso wie Links durch Linkmarketing, muss also durch flankierende Kommunikationsarbeit gestreut, idealerweise jedoch gezielt platziert und bekannt gemacht werden; in der Regel auf den Plattformen, auf denen sich potenzielle Besucher der Seite befinden. Sie müssen dazu animiert werden, sie zu besuchen, sei es durch direkte Hinweise, wie etwa in Newslettern, Sozialen Medien, Verlinkungen Dritter oder Postings. Seitenbetreiber müssen also die Werbetrommel rühren, damit sich ihr aufwendig erstellter und nun vorhandener und stets aktualisierter Inhalt auch verbreitet, gelesen wird und wirkt. Dieser Traffic wiederum soll letztendlich auch zu Conversionen führen.

Jeder sollte sich beim Vermarkten seiner Seite noch einmal die Zielgruppe vergegenwärtigen und sich fragen, wo sie gefunden wird, welche Internetseiten sie besucht und welche Medien sie konsumiert. Wer bereits am Markt ist, dürfte diese Fragen schon beantwortet haben. Zudem sind es dieselben Medien, in ihrem weitesten Wortsinn, die bereits für andere Marketing- und Kommunikationsaktivitäten der jeweiligen Organisation genutzt werden dürften, beziehungsweise die PR-Verantwortlichen sind selbst Leser/Konsument einschlägiger Medien, Seiten und Blogs, die ihnen nun auch für das Marketing ihres Contents dienen. Und so wie Sie bei einer guten Story oder einem spannenden Thema systematische Pressearbeit betreiben, gehen Sie auch beim Content Seeding/Vermarkten Ihrer Seite vor. Es geht dabei im Kern darum, andere für Ihr Thema zu erwärmen und sie dazu zu bringen, darüber zu berichten. Nur, dass hier das Thema Ihr Content ist, also ein Aspekt Ihres Internetauftritts, etwa eine neue Studie auf Ihrer Seite oder ein packender Blog-Beitrag des Chefs. Ziel ist, dass Ihre Inhalte geteilt werden, dazu geschrieben oder auf Ihren Link oder Facebook-Post geklickt wird und am Ende Besucher auf Ihrer Internetseite landen. Auch hier sollte man analysieren, wie es die Top-Mitbewerber halten. Dazu sollte man auf Fachportalen, Blogs und Foren recherchieren, zu ihnen Kontakt aufnehmen und schließlich Veröffentlichungsmöglichkeiten sondieren.

Das, was wir gerade als Content Seeding beschreiben haben, wird sprachlich oft als Content Marketing bezeichnet. Doch das ist etwas anderes, nämlich Onlinekommunikationsarbeit zu betreiben auf der Basis von informativen, nutzwertorientierten oder unterhaltenden Inhalten. Wenn also ein Rechtsanwalt einen Gastbeitrag zum Kapitalmarktrecht auf seinem Blog postet, oder jemand eine App mit einem Brutto-/Nettorechner herausgibt, ein Business-Coach Videos mit Rhetoriktipps auf YouTube hochlädt oder wir dieses Buch als E-Book-Download auf unserer Internetseite anbieten (etwa auch im Austausch mit Ihrer Adresse), wird in all diesen Fällen Content Marketing betrieben. In der Regel profilieren Sie sich damit gegenüber Ihrer Zielgruppe über die von ihr konsumierten Onlinekanäle als Experte. Content Marketing ist also Marketing durch Content, nicht von Content. Es ist also Teil jener Tätigkeit, die wir im Content-Abschnitt vor allem unter »Form und Inhalt von Inhalt« ausgeführt haben; auch als Teil einer Contentstrategie, mit der Sie schließlich die Keywords, samt den Inhalten, in denen sie stecken, in den Suchmaschinen auffindbar machen wollen.

Nachfolgend deklinieren wir einige bedeutsame Social-Media-Plattformen durch, um das Vermarkten von Inhalten und Content Seeding weiter zu veranschaulichen.

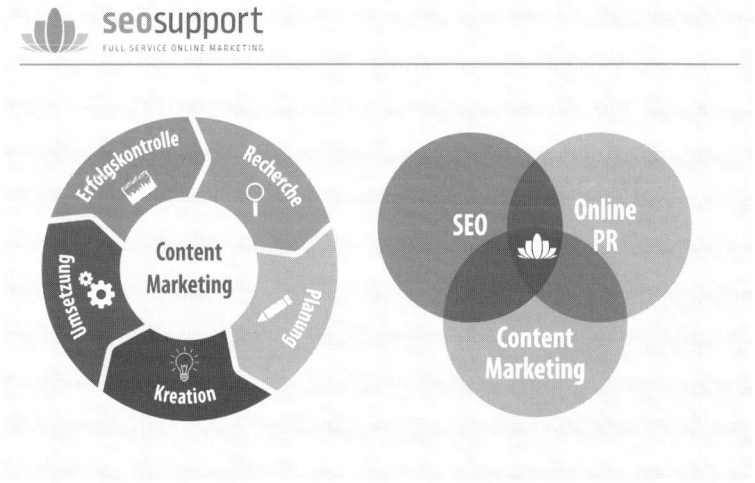

Kommunikationsarbeit: Bausteine und Assets

Über eine Vielzahl von PR-Elementen und Vermarktungskanälen können Sie Ihren Content streuen. Er wirkt, wenn er attraktiv aufbereitet ist, nützliche Informationen enthält oder Unterhaltung bietet.

Das Credo sollte dabei lauten: wertvoller Service statt Werbung. Denn herkömmliche Marketing- und Einwerbungsmaßnahmen erzeugen nicht mehr die gleichen Ergebnisse wie früher. Wenn Sie die Informationen abgestuft und gezielt aufbereiten und bereitstellen, bieten Sie potenziellen Kunden und Geschäftspartnern einen echten Nutzwert. Sehen Sie Informationen als wertvollen Service, als Anleitung und Hilfe im Entscheidungsprozess Ihrer Zielgruppe an. Mit »ehrlichen«, nutzwertorientierten Inhalten erhöhen Sie die Chance auf eine nachhaltige Wirkung und steigende Wandlungsquoten. Nebenbei tragen Sie so maßgeblich zur Auffindbarkeit und dem Aufbau einer positiven Reputation bei und können, je nach Medium und Maßnahme, auch in den persönlichen Dialog mit Ihrer Zielgruppe treten.

Besucher-Chat

Die Anonymität des Internets stellt den Vertrieb vor ein Problem: die nachweisbare Conversion oder Wandlung von Internetseitenbesuchern. Ein erfolgreiches Mittel zur Steigerung von Click- und Traffic-Conversion ist der Einsatz von Chat-Funktionen, wobei Sie auf diese Weise auch in einen direkten Dialog mit Ihrer Zielgruppe treten und so sogar wertvolle Informationen und Anregungen erhalten können. Auch etwaige Probleme mit einem Produkt/einer Dienstleistung können so viel eleganter aufgefangen werden.

Video-Sharing: YouTube, vimeo und andere

Viele Leute, vor allem junge Leute, lieben Videos. Wie auch immer man zu dem oft stundenlangen Konsum stehen mag: Sie sind bequem anzusehen und bieten in der Regel einen hohen Unterhaltungswert. Der Hinweis auf ein Video ist daher in den sozialen Medien von besonderem Wert. Rund um solche Videos entstehen zudem häufig Diskussionen, auch direkt in den Verbreitungsplattformen, die man jedoch stets im Blick haben sollte.

Blogs mit eigenen Themen

Blogs sind redaktionell geführte Seiten, die den Lesern auch die Option zum Mitmachen oder Kommentieren geben. Im deutschsprachigen Raum gibt es aktuell rund 600.000 Blogs, von denen 27.000 über eine zum Teil beträchtliche Öffentlichkeit verfügen. Bedienen Sie dieses Genre mit der Initiierung und Pflege eigener Themen-Blogs für Ihre Kunden.

Artikelmarketing

Mittels Artikelmarketing wird in einem etwa DIN-A4-seitenlangen Beitrag ein geschlossenes Thema behandelt. Die Artikel sollten wertvolle Inhalte transportieren, ansprechend, wie auch in der für dieses Buch zentralen SEO-Sprache geschrieben sein, damit sie besonders gut bei Suchwortanfragen über Suchmaschinen gefunden werden und gezielte Besucherströme generieren.

Anliegenfokussierte Webschaufenster

Im Unterschied zu normalen Websites beschäftigen wir uns in Webschaufenstern nicht mit Produkten und Dienstleistungen, sondern gezielt mit den Anliegen der jeweiligen Mikrozielgruppe. Damit sind diese Sites besonders geeignet, die Zielgruppen bei ihren unterschiedlichen Anliegen »abzuholen«. Ziel ist es, dass sich die jeweilige Zielgruppe in ihrer Situation besonders verstanden fühlt.

Podcasts

Nicht nur die große Anzahl an iPhone-, iPod- und iPad-Besitzern nutzen gern die multimedialen Periodika, die über spezielle Dienste abonniert werden können. Auch die Nutzer anderer Betriebssysteme haben längst die Möglichkeiten, darauf zurückzugreifen. So wie das Erstellen von Videos ist dies jedoch eine relativ teure und aufwendige Maßnahme, wenn sie professionell und attraktiv aufbereitet sein soll.

Apps/Online Games

Eine besondere Qualität von Beratung und Komfort kann über Apps (Applikationen) geboten werden, die von der Zielgruppe zum richtigen Zeitpunkt am richtigen Ort eingesetzt werden können. In der Regel werden solche Tools als Teil des Marketings kostenlos an die Zielgruppe abgegeben.

Document-Sharing: slideshare.com, docshare.com...

Interessante Informationen, wie Tipps, Tricks und Hilfestellungen können als PDF-Dokumente oder PowerPoint-Präsentationen besonders attraktiv aufbereitet werden. Solche Dokumente können über spezielle Plattformen verbreitet werden. Damit werden diese zu Assets, auf die man in den sozialen Medien gut aufmerksam machen kann.

Vermarktung über Soziale Medien

Einen wesentlichen Beitrag, um eine Marke zu entwickeln und Seitenbesucher zu generieren, spielen die Sozialen Medien. Sie erzeugen Traffic und ermöglichen eine Verbreitung der Inhalte und

Erwähnungen. Sie sind allerdings kein Rankingfaktor! Google misst ein Facebook-Like, -Kommentar oder -Share nicht, und zwar unter anderem auch, weil das Unternehmen keinen Zugriff auf das Hinterland dieser Seiten hat, sofern es sich nicht um Google-Töchter handelt, was bei den wichtigsten Beispielen nicht der Fall ist. Eine Ausnahme bildet Google+. Doch diese Plattform ist nahezu tot und damit faktisch irrelevant. Eine Kooperation besteht dagegen mit Twitter.

Indirekt spielen die Social Signals aber sehr wohl eine Rolle: Jedes Instagram-Herzchen, jedes Facebook-Teilen, ein Xing-Kommentar oder eine Erwähnung auf Twitter macht Sie, Ihr Profil und den dahinterstehenden Link populärer und sorgt beispielsweise für direkten Traffic, wenn geklickt, was die Relevanz Ihrer Internetseite entsprechend beeinflusst. Für die gesamte Online-PR spielen Soziale Medien naturgemäß eine bedeutende Rolle, aber sie haben nach allem, was wir heute wissen, keinerlei direkten Einfluss auf das Google-Ranking.

Auch wenn wir hier die einzelnen Aspekte jeweils gesondert beleuchten, sollten Sie nicht vergessen, dass alle Kommunikationsaktivitäten, wie auch die SEO-Bemühungen insgesamt, nicht getrennt von den anderweitigen Maßnahmen zu sehen sind und am besten ganzheitlich wirken. Dazu gehört auch die Tatsache, dass bereits Ihr Webauftritt eine abgeleitete Tätigkeit von Ihrem Unternehmen und seinem Wesen und Wirken ist. Hinzu kommt, dass sich viele Kommunikationsaspekte gegenseitig befruchten und ergänzen. So fragt Sie vielleicht die *FAZ*, ob Sie einen Gastbeitrag schreiben können, den Sie später für Ihre Anliegen vermarkten. Auf Sie gestoßen ist die Zeitung aber wiederum nur, weil Sie vorgestern in einem Nachrichtenbeitrag zu sehen waren. Oder Sie haben für Ihre interne Mitarbeiterzeitung eine Reportage über einen internen Produkttest erstellt und finden nun, dass man aus dem Thema auch einen Blog-Beitrag plus Verlinkung im Newsletter machen könnte. Die meisten Dinge in einem Unternehmen finden nicht isoliert statt, für Kommunikationselemente gilt dies erst recht.

Die von Ihnen auszuwählenden und im Grundsatz kostenlosen (von Werbemöglichkeiten abgesehen) Social-Media-Kanäle funktionieren vor allem im Mix, da sie unterschiedliche Leute mit verschiedenen Inhalten/Formaten ansprechen, wobei es jedoch je nach Zielgruppe große Überschneidungen gibt. Neben der aktiven Verbreitung interessanter Inhalte wird es eine zentrale Aufgabe für Sie sein, sich auf jeder Plattform einen großen Kreis von Freunden, Abonnenten, Fans, Kontakten oder Followern aufzubauen, um die Reichweite Ihrer Postings zu erhöhen.

Nachfolgend beschreiben wir ausführlich vor allem Facebook und Instagram. Wenn diese Kommunikationswege für Sie nicht so relevant sind oder Sie sich dort bereits auskennen, gehen Sie bitte direkt zum Abschnitt »Evaluierung«.

Facebook

Das mit Abstand wichtigste und facettenreichste Social-Media-Tool beim Promoten einer Marke, Internetseite und von Inhalten wird Facebook sein, wobei wir ausdrücklich betonen, dass es zu Ihrer Onlinestrategie und Ihren Organisationen passen muss. Facebook ist das größte und bedeutendste soziale Netzwerk der Welt. Mit 1,6 Milliarden Nutzern und 30 Millionen monatlich aktiven Deutschen[21] sind dort die mit riesigem Abstand meisten onlineaffinen Menschen jedweder Interessenlage vertreten.

Die Facebook-Zielgruppe hat sich über die letzten Jahre hinweg stark geändert. War dies am Anfang überwiegend ein eher junges Publikum (14–25 Jahre), haben inzwischen Personen im Alter 40+, die anfangs auch skeptisch waren, dieses Medium für sich entdeckt. Zudem sind die Nutzer naturgemäß älter geworden, während Facebook für Teenager längst nicht mehr das Pflichtmedium ist. Die Geschlechterverteilung ist in etwa ausgewogen.

Außerdem bietet es die mit Abstand reichhaltigste Funktionalität und eine Fülle von Interaktionsmöglichkeiten: Auf einer Facebook-Seite kann ich mich und mein Produkt/meine Dienstleistungen ausführlich mit Texten, Bildern und Videos präsentieren, generell und jeweils tagesaktuell. Die Interaktionsmöglichkeiten, namentlich Liken, Teilen und Kommentieren, binden die Nutzer, Freunde und Fans stark ein, führen unter anderem auch dadurch zu nutzergeneriertem Content und sorgen für eine automatische Verbreitung unter Freunden von Fans, um nur einiges zu nennen. Des Weiteren können Sie selbst auf eine riesige Auswahl von Fremdangeboten eingehen, mittels derer Sie sich wiederum profilieren können.

Sie können via Facebook alle teilenswerten Inhalte, Texte, Neuigkeiten oder auch prominente Beiträge direkt posten – und zwar systematisch, regelmäßig und möglichst zu festen Zeiten – die oft auch zu Ihrer Internetseite führen.

Setzen Sie sich, wie generell in Ihrer Organisation, konkrete Ziele; etwa in zwei Jahren die Zahl Ihrer Facebook-Abonnenten zu verdoppeln, wobei nicht die schiere Anzahl der Abonnenten wichtig ist, sondern eine möglichst hohe Interaktionsrate, vor allem aber Teilen und Anklicken. Über Google Analytics lässt sich wiederum verfolgen, wie viele Nutzer dieses Sprungbrett anwenden und zu welchen Inhalten auf Ihrer Seite sie gehen. Man kann also auch hier stets nachjustieren und auch einschätzen, welche Themen oder Autoren am besten laufen.

Facebook-Likes und andere Interaktionen haben keinerlei Rankingeinfluss, zumindest nicht direkt. Durch Ihre Facebook-Bemühungen kann und wird Ihre Marke aber populärer werden, Ihre Aktivitäten erhalten Reichweite, es entsteht Traffic zu Ihnen und Traffic-Vielfalt, Facebook-Mitglieder könne sich angeregt fühlen, auf ihrer Seite einen Link zu Ihnen zu setzen und so weiter. All dies ist von enormem Vorteil, ohne Frage, aber es ist ein indirekter Effekt.

Facebook selbst zählt für Google gar nichts. Und dieser Punkt ist weitestgehend auch auf die meisten anderen Sozialen Medien anwendbar, von Twitter abgesehen.

Füllen Sie Ihre Fanpage mit vielfältigen, zielgruppen- und medienspezifisch aufbereiteten Inhalten: Teasertexte, die auf Ihre Seite führen; Fotos und Statusberichte; Links zu interessanten Meldungen, die eine generell attraktive Fanpage ausmachen, aber eben auch als Sprungbrett hin zu Ihrer Seite fungieren. Bauen Sie auf die facebookeigene Interaktion, die neben der Promotion auch dem Austausch dient. Nutzen Sie auch das Statistiktool, das aufzeigt, welche Inhalte mit welchen Interaktionen oft gesehen werden.

Auftreten und Ansprache innerhalb der Community

Für die Kommunikation mit der Facebook-Community und besonders mit den Freunden/Abonnenten gibt es eine Vielzahl von Regeln. Diese sollten unbedingt beachtet werden, um erfolgreich und anerkannt zu sein und sich seine Fanbase aufzubauen und zu erhalten. Diese Grundsätze werden wir im Folgenden anhand von Facebook beschreiben. Sie gelten jedoch auch für die anderen Sozialen Medien – immer die Spezifik des jeweiligen Dienstes beachtend.

Zuallererst gehören die generellen Umgangsformen des zwischenmenschlichen Zusammenlebens dazu, also höflich zu sein, vor allem aber, bei Kritik oder Diskussionen nicht persönlich zu werden oder den anderen gar zu beleidigen. Zudem ist es gerade beim Start, nach dem Beitritt in Gruppen oder der frischen Vernetzung mit vorher unbekannten »Freunden« wichtig, erst einmal abzuwarten und zu schauen, wie sich dort mit ihnen die Kommunikation gestaltet; also nicht mit der Tür ins Haus zu fallen. Vor allem Gruppen haben spezifische Regeln, Kommunikationsstile, Tabuthemen oder andererseits Themen, die jeder Neuling anspricht und damit alle anderen

Mitglieder nervt. Hier, wie auch im richtigen Leben, ist es ratsam, sich erst einmal zu orientieren, zuzuschauen und zuzuhören und später aktiv zu werden.

Die eigene Facebook-Seite wiederum sollte regelmäßig bedient werden, damit sich die Leute an sie gewöhnen beziehungsweise nicht von Bord gehen und Facebook sie für relevant erachtet und anderen die Postings anzeigt. Zudem sollte man rasch auf Kommentare und Fragen antworten.

Zuhören und zuschauen ist auch wichtig, um zu erkennen, was die Community interessiert. Hierzu gehört auch das Beobachten der Wettbewerber (ihres Stils und ihrer Themen/Formate), von denen man lernen kann, sowohl bei guten Dingen als auch bei Misserfolgen und Fehlern, um sie selbst zu vermeiden. Außerdem sollte man konstruktive Kritik oder Anregungen aufgreifen, um sein Angebot zu verbessern.

Daneben ist eine richtige Balance aus Aktion, Reaktion, eigenen Themen, Teilen und Kommentieren anderer Themen von Bedeutung. Nur wenn Geben und Nehmen ausgeglichen sind, ist man authentisch und ein gleichberechtigtes Mitglied der Community. Das ausschließliche Promoten eigener Anliegen oder gar zu direkter Werbung wird von vielen kritisch gesehen, was später nur schwer zu reparieren ist. Die gesunde Mischung auf allen Ebenen ist auch ein Leitfaden im Redaktionsplan, den Sie erstellen sollten und der Teil Ihrer generellen Kommunikationsplanung sein sollte.

Achten Sie darauf, wie auch im Content-Abschnitt dargestellt, Ihre Beiträge in einwandfreiem Deutsch und spannend, interessant und abwechslungsreich zu schreiben, idealerweise journalistisch professionell und »leicht daherkommend«. Einfache Inhalte und kurze Postings funktionieren bei Facebook am besten. Sie sorgen für einen schnelleren Zugang und bessere Verbreitung. Längere Beiträge werden ohnehin auf Ihrer Internetseite stehen, für noch längere gibt es Bücher.

Insgesamt sollte man mehr erklären statt vermarkten. Die Sprache sollte also ganz und gar nicht werblich sein. Es geht darum, mittels Emotionen, tollen Geschichten und Fotos die Leute anzusprechen und sie zu unterhalten, nicht um vordergründiges Marketing. Der Eindruck, verkaufen zu wollen und krampfhaft Reichweite zu generieren, kann dabei auch durch Kleinigkeiten wie zu vielen Hashtags entstehen.

Ein wichtiges Ziel ist es, Vertrauen aufzubauen, sich einen guten Ruf zu erarbeiten, anerkannt zu sein und idealerweise zu einem gefragten Ansprechpartner zu werden. Im Gegenzug sind Nichterreichbarkeit, unpassende Inhalte und »Verkaufstexte« die größten Fehler. All dies zu beachten, ist nicht nur ein genereller Erfolgsfaktor; eine gute Reputation und professionelle Arbeitsweise hilft auch bei Problemen, bei Kritik oder gar Shitstorms.

Inhalte und Redaktionsplan

Dreh- und Angelpunkt eines jeden Sozialen Mediums sind die Inhalte. Mit ihnen füllt man sein Profil und seine Seite mit Leben und führt oft mittels Links zu den entsprechenden Inhalten auf seiner Internetseite, um die es im Kern schließlich geht. Dabei sollte nicht jeder Beitrag ein Verweis auf die Internetseite sein. Vielmehr ist es wichtig, die Facebook-Seite eigenständig zu bespielen.

Die Formate und Möglichkeiten sind bei Facebook äußerst vielfältig. Entscheidend ist dabei vor allem, dass man oft und regelmäßig etwas postet, mehrmals pro Woche. Die Veröffentlichungen, Inhalte und Rubriken sollten mit einem Redaktionsplan organisiert und terminiert werden, um eine Systematik und Struktur sicherzustellen, aber auch eine Kontinuität generell und innerhalb der einzelnen Darstellungsformen zu gewährleisten, sie also zu mischen und damit abwechslungsreich zu gestalten.

Durch unterschiedliche Formate, Stilebenen und Medien halten Sie Ihre Facebook-Seite lebendig und machen sie vielfältig. Dabei sollten Sie Ihre Internetseite zumindest immer erwähnen, Ihren Namen und Ihr Anliegen bekannt machen und vor allem zum Teilen, Kommentieren und Liken einladen. Alle Elemente sollten also ein hohes Interaktionspotenzial haben. Letzteres ist auch deswegen unentbehrlich, weil es »Social Signals« hinsichtlich Ihrer Internetseite und den dort verlinkten Zielseiten aussendet, neben dem wichtigen Traffic, der Ihre Seite mit Nutzern versorgt. Zudem führt es naturgemäß zu einer möglichst starken Verbreitung Ihrer Inhalte auf anderen Facebook-Profilen, wo schließlich angegeben wird (je nach Einstellungen einem breiteren Publikum, also beispielsweise den Freunden desjenigen), dass der jeweilige Nutzer geteilt, geliket, kommentiert hat. Alle Interaktionen haben nicht nur den direkten, offenkundigen Effekt, sie sind auch in ihrer Summe wirkungsvoll: Je mehr Interaktionen es gibt, umso relevanter schätzt Facebook den Post und Ihre Seite und desto häufiger werden diese anderen Facebook-Mitgliedern angezeigt. Die potenzielle Reichweite erhöht sich also mit jeder Interaktion. Daher gilt es stets, eine kritische Masse zu erreichen, die dann eine positive Eigendynamik entfaltet.

Selbstverständlich darf das nötige und regelmäßige Bespielen nicht dazu führen, dass man die Leute überfordert und mit Inhalten »zuschmeißt«. Zum einen sind Fans oder Follower schnell genervt und schalten einen ab. Außerdem ist es eher unrealistisch, dass man mehrmals am Tag interessante und relevante News hat. Wie bei allem ist also auf ein gesundes Gleichgewicht zu achten. Mehr als drei Beiträge am Tag sollten es nicht sein, im Wochenschnitt eher weniger, maximal zwei pro Tag, aber das hängt stark von Organisation und Zielgruppe ab. Geschieht etwas Unerwartetes, womit wiederum permanent zu rechnen ist und was auch den Reiz und die Motivation von Postings ausmacht, sollte man andere geplante Beiträge entsprechend verschieben. Dabei gilt es, nicht nur aktuelle Ereignisse zu nutzen, die selten vorhersehbar sind, sondern auch Jubiläen, die sich wesentlich besser planen lassen.

Viele Dinge, naturgemäß das Teilen, Liken und Kommentieren fremder Inhalte und der Bezug darauf, sind nicht zu planen, machen aber einen ordentlichen Teil der Facebook-Kommunikation aus. Das Durchforsten und darauffolgende spontane Nutzen dieser Inhalte und die vorherige Recherche und das Vernetzen mit anderen Leuten und Gruppen wiederum gehören zu einer strukturierten Arbeitsweise und sind essenziel fürs Social-Media-Marketing.

Dabei ist es wichtig, die Nutzer einzubinden, nicht nur mit dem klassischen Teilen, Kommentieren, Liken, sondern auch mittels Mitmach-Aktionen. Dieser nutzergenerierte Content bewirkt eine besonders starke Bindung, wird auf der Seite der Nutzer gespiegelt, lädt erneut zum Teilen und Kommentieren ein und so weiter. Dadurch entsteht eine eigene Dynamik.

Wichtig ist dabei auch das Testen. Dies betrifft zum einen die Inhalte und Formate, um herauszubekommen, auf was die »Freunde« oder Fans am besten oder gar nicht reagieren; zum anderen aber auch den Zeitpunkt für Postings. Jede Aktivität, vor allem am Anfang, sollte daher stets beobachtet und analysiert werden, um daraus seine Schlüsse zu ziehen. Wie bei Google-Anzeigen sollte man dabei auch Versuchsreihen starten mit Inhalten und Postings, die sich nur in einem Aspekt unterscheiden, um später optimale Ergebnisse zu erzielen. Auch hier hilft ein Blick auf die Konkurrenz. Unterm Strich erwarten Nutzer neben der Unterhaltung immer einen Mehrwert.

Verfolgen Sie die Links zu Ihrer Internetseite mit einem einschlägigen Trackingtool, um zu erfahren, wo Ihr Traffic auf Ihrer Internetseite herkommt (etwa mittels goo.gl, ein URL-Shortener). Gleichzeitig bietet aber auch Google Analytics diese Funktion, wie beschrieben.

Folgende redaktionelle Facebook-Formate bieten sich an (Auswahl):

➤ Statusmeldungen – idealerweise mit Fotos oder Links

- Link zu interessanten »Fremdartikeln«

- Fotoalben

- Link zu einem Beitrag/Report auf Ihrer Internetseite

- Vorankündigung eines neuen Produkts (mit Bild)

- Ankündigung eines neuen Produkts

- Preisaktion zum neuen Produkt

- Kommentare in Gruppen, auf anderen Seiten/Profilen, Teilnahme an Diskussionen

- Teilen

- Liken

- Posten von Instagramfotos >> Verknüpfung von Instagram und Facebook

- Gewinnspiele zur Promotion des neuen Produkts

- Aktion für ein(en) Like/Share/Kommentar

- Mitmach-Aktion/Aufruf an die Freunde

- Serien

- Umfragen

- Listen, Rankings, Do's und Don'ts

> ➤ Tipps und Tricks

> ➤ Events, Ereignisse, saisonale Geschichten

Facebook-Anzeigen und kostenpflichtiges Promoten von Beiträgen

Vor allem in der Anfangszeit sollten Sie erwägen, bei Facebook Anzeigen zu schalten, um auf Ihre Facebook-Seite aufmerksam zu machen und Abonnenten zu gewinnen, aber auch, um einzelne Beiträge zu promoten.

Das genaue Finden der Zielgruppe ist ein Kern von Facebook, schließlich macht das Unternehmen mit der detaillierten Aufbereitung von Daten (und deren »Verkauf« via Anzeigen), inklusive der Auswertung von WhatsApp, Instagram und den Besuchen von Internetseiten, sein Geld. So wie man beim Suchmaschinenmarketing verschiedene Anzeigen schaltet, sollten Sie es auch bei Facebook halten, und zwar vor allem, um mehr über die Zielgruppe und ihre jeweilige Resonanz zu erfahren. Sie sollten Ihre Zielgruppe zunächst nach dem Alter und Geschlecht strukturieren, während andere Aspekte naturgemäß gleich bleiben.

Folgende Rubriken/Faktoren bieten sich neben Alter und Geschlecht an, um Ihre Zielgruppe auszuwählen und anzusprechen, darunter vor allem auch weitere soziodemografischen Faktoren:

> ➤ Ausbildung/Ausbildungsgrad

> ➤ Wohnort/Land: Deutschland, Österreich, Schweiz

> ➤ Sprache: Deutsch

> ➤ Interessen

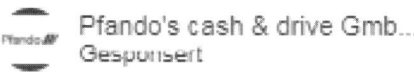

Pfando's cash & drive Gmb...
Gesponsert
•••

FINANZIELL AUSGEBRANNT?
Jetzt: Heute noch Bargeld erhalten!

Pfando///

Angebot einholen   >

BARGELD SOFORT & WEITERFAHREN
✓ Bargeld in 60 Minuten erhalten
✓ Fahrzeug gewohnt weiter nutzen... mehr

Quelle: Facebook

Ausschließen sollten Sie Personen, denen bereits Ihre Seite gefällt. Um mehr über Ihre Zielgruppe und deren unterschiedliche Reaktionen zu erfahren, sollten Sie gegebenenfalls nach Geschlecht und Altersgruppen (beispielsweise 18–39 und 40–60 Jahre) splitten. Sie würden in diesem Fall also gleichzeitig vier identische Kampagnen mit voneinander abweichenden Zielgruppen fahren. Prinzipiell ist eine Unterscheidung auch nach anderen Faktoren oder Interessen möglich. Denn Ziel ist ein möglichst effizienter Mitteleinsatz und die Konzentration auf genau jene Gruppe, die am besten auf Ihre Facebook-Seite anspricht. Im weiteren Verlauf ist natürlich auch eine unterschiedliche stilistische und sprachliche Ansprache verschiedener Zielgruppe geboten. In einem ersten Schritt (wenn es der erste ist) sammeln Sie aber zunächst Erfahrungen.

Für die Anzeige selbst wählen Sie beispielsweise ein Titelbild aus, versehen es mit Ihrem Logo und einer Handlungsaufforderung wie »Jetzt abonnieren!« Die Platzierung der Anzeige soll in den Feeds erfolgen, nicht in der weniger wahrgenommenen rechten Spalte. Daneben können/sollten Sie auch die Option »Beitrag bewerben« nutzen, etwa bei Posts, sinnvollerweise aber bei etwas Besonderem. Facebook bietet diese Möglichkeit aktiv von sich aus an, wenn Sie etwas veröffentlicht haben.

Instagram

Instagram, eine Facebook-Tochter und mit der Plattform verknüpft, ist ein relativ simpel aufgebauter Microbloggingdienst, mit dem man vor allem Bilder, aber auch Videos verbreiten kann. Die Bilder sind in der Regel ästhetisch hochwertig und werden besonders dazu genutzt, eigene Motive aus den Bereichen Lifestyle, Mode, Unterwegs sein, Urlaub/Reisen oder Porträts/Selfies aus dem Alltag zu posten. Zudem nutzen viele Blogger und Firmen dieses Medium. In Deutschland hat Instagram 17 Millionen monatliche Nutzer, weltweit sind es weit über 500 Millionen Personen. Wie bei allem müssen Sie einschätzen, ob Ihre Zielgruppe hier überhaupt vertreten ist.

Ein Erfolgsgeheimnis von Instagram ist die einfache und überschaubare Funktionsweise: Fotos, meist aufgenommen mit dem Smartphone, sind mit wenigen Klicks innerhalb seiner Community veröffentlicht, dafür sind Herzchen oder Kommentare der Abonnenten möglich. Zudem kann man die Bilder weiterleiten. Kurze Beschreibungen der Umstände und/oder des Ortes sind möglich, der Kern ist aber das Bild oder das Video. Da in der Regel das Bild spricht, spielen hier Sprachbarrieren wie bei Facebook und besonders bei Twitter eine eher untergeordnete Rolle, weswegen sich auch leicht außerhalb des Sprachraums aktive Abonnenten finden lassen oder man beispielsweise auf Deutsch und Englisch gleichzeitig postet. Möchte man Emotionen wecken und Atmosphäre schaffen, ist die Plattform daher ideal. Zudem kann das Instagram-Profil mit dem Facebook-Profil verbunden werden, sodass geteilte Fotos dort automatisch erscheinen, wenn man es möchte, auch wenn die Interaktion auf beiden Plattformen getrennt abläuft.

Ein sauber erstelltes Profil versteht sich von selbst, inklusive der URL Ihrer Homepage. Die URL ist bei Instagram sogar die einzige Möglichkeit, auf Ihre Webseite zu gelangen. Aus dem Posting heraus oder durch Kommentare ist dies nicht machbar.

Inhalte/Redaktionsplan

Die Formate und Möglichkeiten sind bei Instagram sehr überschaubar, was auch dessen Reiz ausmacht. Im Wesentlichen geht es um Bilder und Videos, die möglichst attraktiv und abwechslungsreich sein sollten. Zudem ist auch hier auf das Interaktionspotenzial zu achten, also das »Gefällt mir«-Herz und Kommentieren, und das oben beschriebene Setzen der Hashtags. Die Verlinkung mit Ihrer Internetseite und das Verweisen auf externe Inhalte sind von einem Post aus jedoch nicht möglich.

Auch hier sollten Sie ausgiebig testen; vor allem, was Kommentare und Tageszeiten angeht, für Letzteres ist die mit dem Business-Konto verbundene Statistik hilfreich. Der Blick auf die Konkurrenz ist ebenso obligatorisch.

157

Zudem ist darauf zu achten, dass sich wegen der möglichen und bequemen Facebook-/Instagram-Verknüpfung die Inhalte nicht standardmäßig doppeln. Zum einen sollte man nicht automatisch alles auf beiden Kanälen ausspielen; zum anderen kann man das gleiche Thema unterschiedlich gestalten oder kommentieren. Bei Facebook gibt es deutlich mehr Mechanismen und Spielräume, die es zu nutzen gilt.

Um gegebenenfalls auch Nutzer außerhalb des deutschsprachigen Raums anzusprechen, sollten Sie zusätzlich englische Hashtag verwenden, das heißt also je eines in beiden Sprachen, sofern sich diese überhaupt unterscheiden. Wie bei allen Social-Media-Aktivitäten ist es wichtig, sich in die Nutzer hineinzuversetzen und zu antizipieren, welche Hashtags sie eingeben. Selbst für deutschsprachige Nutzer dürften das oft auch englischsprachige Schlagwörter sein.

Die Option der Storys, analog zu Snapchat, sollten Sie ebenfalls nutzen – da, wo es passt. Story-Fotos verschwinden nach 24 Stunden und haben im Gegensatz zu den meisten anderen Fotos/Videos einen eher ungeschminkten Live-Charakter.

Generell gilt auch auf Instagram: Jede Interaktion, die auf Instagram ziemlich hoch ist, stellt einen Hebel zu mehr Reichweite dar. Achten Sie zudem auf die Tageszeiten, wie übrigens auch bei Facebook.

Instagram-Anzeigen

Mit dem Business-Profil können Anzeigen direkt aus der Instagram-App erstellt und so einzelne Beiträge kostenpflichtig hervorgehoben werden. Die Mechanismen hier sind ähnlich denen von Facebook, aber wesentlich überschaubarer. Direkt unter dem ausgewählten Foto gibt es einen Button »Hervorheben«. Von dort aus gelangt man zu zwei Möglichkeiten: »Deine Webseite besuchen« oder »Dein Unternehmen anrufen oder besuchen«. Für beides sucht Instagram entweder selbst die Zielgruppe, oder man kann sie eigenständig festlegen.

Quelle: Instagram

Das ausgewählte Foto wird im Feed der Nutzer angezeigt und als »gesponsert« deklariert. Wer auf »Mehr dazu« drückt, wird auf Ihre Internetseite weitergeleitet. Über Google Analytics können Sie herausfinden, wo der Traffic Ihrer Internetseite herkommt. Auch hier sollten Sie kräftig ausprobieren, um Erfahrungen zu sammeln und zu sehen, was wirkt.

Twitter

Twitter ist ein Microbloggingdienst, mit dem sich Kurznachrichten (früher begrenzt auf 140, jetzt 280 Zeichen) an seine Abonnenten verschicken lassen. Er wird überwiegend zu kurzen Meinungsäußerungen, oft zu aktuellen Ereignissen, genutzt; vor allem aber auch, um auf Inhalte auf anderen Plattformen/Internetseiten aufmerksam zu machen. 1,8 Millionen wöchentliche deutsche Nutzer zählt Twitter (die Zahl der Anmeldungen liegt weit höher).[22] Medienschaffende, Prominente, Politiker, also alle Leute, die besonders mitteilungsbedürftig sind, sind bei den »Aktiven« überrepräsentiert. Der Dienst eignet sich hervorragend zum crossmedialen Anteasern und unkomplizierten Verbreiten von Inhalten, aber auch für kurze Statements innerhalb der Community, wobei die Textnachrichten standardmäßig öffentlich sind. Tweets werden den Followern angezeigt, vor allem über Hashtags oder Verlinkungen/Retweets kann aber auch ein breiteres Publikum erreicht werden. Die Beiträge anderer Nutzer können favorisiert (geliket), retweetet (geteilt) oder mit einem eigenen Tweet kommentiert werden.

Twitter ist in Deutschland nach wie vor ein Konsum-Medium. Das heißt, die Mehrzahl der User liest, betrachtet und recherchiert interessante Informationen, statt selbst Content zu produzieren. Wenn Twitter für Sie relevant ist, sollten Sie Kanäle erschaffen, die sich unterschiedlichen Themenschwerpunkten widmen und dort die Verlinkungen auf Ihre Seite streuen.

Wie bei allen anderen Social-Media-Plattformen kommt es auch bei Twitter darauf an, die Spezifik dieses Dienstes zu erfassen. Twitter, wenn es für Ihr Kommunikationskonzept adäquat ist, sollte ebenso dafür genutzt werden, sich ein Netzwerk aufzubauen, sowohl von Leuten, die an Ihnen interessiert sind, als auch anderen Bloggern oder Kollegen. Einerseits können Sie so aktuelle Inhalte Ihrer Internetseite teasern, jedoch auch Mitglied der Community sein, also über Twitter Neuigkeiten aus der Branche oder den entsprechenden Themen erfahren, kommentieren und retweeten. Zudem können Sie auch auf diesem Gebiet mit Ihren Followern kommunizieren, um greifbar zu sein und auch Anregungen und Kritik zu erhalten. Auch hier sind mehrere Tweets pro Woche wichtig, um sichtbar und relevant zu werden. Diese Aktivitäten verstehen sich ebenfalls als Ergänzung des gesamten Mediamixes und funktionieren nur im Zusammenspiel. Auch hier sollten Sie sich konkrete, terminierte Ziele setzen.

Xing

Bei Xing oder LinkedIn, den Business-Social-Media-Plattformen, sollten Sie sich, wenn relevant, ebenfalls in Szene setzen. Auch hier kommt es darauf an, ähnlich Facebook, mittels Postings oder Kommentaren in Gruppen regelmäßig auf die eigene Seite zu verweisen. Dies wiederum sehen auch Kontakte der Kontakte, in Gruppen naturgemäß alle entsprechenden Mitglieder, was bislang Uneingeweihte zu Ihren Seiten führen könnte. Um die Wirkung von Xing (12 Millionen monatliche Nutzer in Deutschland gegenüber 10 Millionen bei LinkedIn[23]), etwa durch die Mitarbeit in mehreren Gruppen überhaupt erst herzustellen, ist es jedoch wichtig, sich entsprechend Kontakte zu verschaffen, wofür ein stets gepflegtes Xing-Profil mit interessanten Postings zentral ist.

Google+

Google+ hat hinsichtlich einer echten Wirkung keine Relevanz. Gegenüber Facebook ist dieser Dienst praktisch tot und verfügt nur über einen Bruchteil an Nutzern. Bis vor einigen Jahren hatte Google+ zumindest noch einen Einfluss auf die Suchmaschinenoptimierung und war für die lokale Suche und den Google-Business-Eintrag von Bedeutung. Heute läuft dieser Dienst direkt über das Google-Konto und heißt jetzt »Google My Business«.

Zwischenfazit Social Media

Die beschriebenen Social-Media-Maßnahmen können einen essenziellen, wenn nicht sogar den wichtigsten Baustein beim Promoten Ihrer Internetseite darstellen, vor allem, wenn sie neu oder frisch renoviert ist. Das professionelle Bespielen dieser Kanäle eröffnet die große Chance, durch gezielte Aktionen auf attraktive Weise Ihre Zielgruppe zu erreichen und damit den Traffic Ihrer Internetseite stark zu verbessern oder (gerade anfangs) sogar erst zu ermöglichen. Zudem sorgt der Verkehr von dort hin zur Internetseite für die bedeutsamen Social Signals, die Google bei der Bewertung/beim Ranking der Seite positiv vermerkt.

Wie mehrfach erwähnt, sollten Sie die Nutzung der Sozialen Medien permanent im Blick haben, kontrollieren (auch mittels der angesprochenen Statistiken und Tools, wie goo.gl und Google Analytics) und anpassen, vor allem hinsichtlich Zielgruppe, Inhalte, Ansprache und Gewinnung von Freunden/Abonnenten. Diese wichtigen Aspekte gilt es immer mehr zu verbessern und zu verfeinern. So lässt sich noch stimmiger Ihre Zielgruppe erreichen und entsprechende Reaktionen/Interaktionen in Hinblick auf Ihre Themen und Anliegen hervorrufen und somit das Branding, die Reputation und zusätzlichen Traffic erfolgreich gestalten.

Analyse und Erfolgskontrolle

Ob und wie Ihre SEO-Bemühungen funktionieren und sich lohnen, wissen Sie nur, wenn Sie eine Erfolgskontrolle einführen. Hierfür sind entsprechende Kennziffern, Maßstäbe und Ziele nötig. Mit
systematischer Evaluierung weiß man, wo man steht, und kann beispielsweise zwischen der Vorher- und der Nachherversion seiner
Seite und zwischen verschiedenen Keywords vergleichen, man kann
einen A/B-Test durchführen, einige Unterseiten einander gegenüberstellen oder den direkten Vergleich mit der Konkurrenz durchführen. Bei Defiziten und Auffälligkeiten ist es besser möglich, in die
Fehleranalyse einzusteigen. Mit einem kontinuierlichen Tracking
und dem Nutzen einschlägiger Tools ist man überhaupt erst in der
Lage, sich Ziele zu setzen, die immer messbar und mit einem Termin
versehen sein sollten. Auf dieser Basis sind dann nötige Anpassun-
gen möglich, denn über allem schwebt schließlich der äußerst dy-
namische Charakter von SEO. Eine Änderung muss nicht gleich ein
neuer Google-Algorithmus sein, sondern es kann sich dabei auch
um schwankende Besucherströme oder einst erfolgreich laufende Formate und Keywords, die plötzlich nicht mehr angesagt sind,
handeln. Sie müssen permanent darauf eingestellt sein, zu reagieren;
durchaus von einem Tag auf den anderen.

Ist die Keyword- und Content-Marketing-Strategie erfolgreich umgesetzt und Linkmarketing betrieben worden, sollten Sie in Erfahrung bringen, wie Ihre Inhalte überhaupt bei den Usern und Google
ankommen. Eine Quelle und zentral hierfür ist der bereits mehrfach erwähnte googleeigene Dienst »Google Analytics«, der Ihnen
wertvolle Daten und Einblicke in das Nutzerverhalten gibt, bis hin
zur Akzeptanz der einzelnen Seiten, Akquisitionsquellen und Wege, den die User gehen. Tracking-Ergebnisse, auch mittels anderer
Tools, umfassen Seitenaufrufe, Downloads, Verweilzeiten oder die
Klickrate. Die Bedeutung der Absprungrate haben wir schon erwähnt. Dies ist ein Kriterium für den Webseitenanbieter, aber auch

für Google, wobei dies selten eindimensional gesehen wird, sondern immer im Gesamtbild einzuschätzen ist und auch im Vergleich zu anderen Seiten oder dem Wettbewerb. Übrigens sagt Google für sich selbst: »Google ist wahrscheinlich das weltweit einzige Unternehmen mit dem ausdrücklichen Ziel, dass Nutzer die Website so schnell wie möglich wieder verlassen.«[24]

Unterm Strich sollten alle wesentlichen Aspekte, über die wir berichtet haben und die Ihre Internetseite ausmachen, untersucht und überwacht werden:

➤ Die Keywords, deren Ranking und Suchvolumen.

➤ Die Links: Wie viel gehen bei Ihnen ein und von wo kommen sie, wie ist die Qualität der Linkgeber?

➤ Traffic: Page-View/Page Impression, Besuche (visits), Besucher (visitor), darunter wiederkehrende und neue Besucher, Anzahl der Besuche pro Besucher/Besucherfrequenz, Verweildauer – und dies alles generell und pro Seite.

➤ Woher kommen die Besucher, auf welche Landingpage und wie ist ihr Weg innerhalb Ihrer Webseite?

➤ Welche Browser und Endgeräte nutzen die Besucher?

➤ Nicht zu vergessen: die Conversion.

Mit diesen Zahlen und Daten lassen sich sinnvolle Erfolgs- und Wettbewerbsanalysen erstellen, der Markt beobachten und die Entwicklung nachvollziehen. Für vieles gibt es jedoch, wie erwähnt, keine absolut richtige Zahl. Vielmehr sind die Veränderungen im zeitlichen Verlauf und Unterschiede zwischen den einzelnen Seiten, Kategorien, Produkten oder (etwa bei Blogs und Medienseiten) gegebenenfalls zwischen den einzelnen Autoren wichtig. Auch ein Vergleich mit der Konkurrenz wäre erhellend, ist jedoch oft nicht möglich, da man nicht an deren Daten gelangt. Vor allem aber kommt es auf nützlichen Traffic an, der Ihren Zielen entgegenkommt, oft also die von Ihnen beabsichtigte Conversion.

Erstellen Sie regelmäßig, möglichst monatlich, Statistik- und Ranking-Reports. Basis hierfür sollten die Daten zur Sichtbarkeitsentwicklung der Website sein und zur Entwicklung ausgewählter Suchkombinationen und wie Ihre laufenden Maßnahmen überhaupt fruchten. So ist es möglich, strategisch die SEO-Maßnahmen zu besprechen und den SEO-Prozess gezielt zu steuern. Zudem versteht es sich von selbst, dass man sich über SEO-News und Algorithmus-Änderungen auf dem Laufenden hält. All diese Punkte gehören zum Repertoire guter SEO-Agenturen.

Sichtbarkeit und Sichtbarkeitsindex

Wie stark eine Website in den Suchergebnissen vertreten ist, erkennt man über das Attribut der »Sichtbarkeit«. Wir als Agentur prüfen etwa die Entwicklung von Keywords und der Sichtbarkeit generell mittels eines Sichbarkeitsindex.

Der SISTRIX-Sichtbarkeitsindex – Sistrix ist ein in der Szene populärer Anbieter einschlägiger Kontrolltools – ist eine Kennzahl oder ein Indikator für die Sichtbarkeit einer Domain auf den Suchergebnisseiten von Google. Je höher der Wert ist, umso mehr Besucher gewinnt die Domain über Google. Ebenfalls lassen sich mit seiner Hilfe aussagekräftige Wettbewerbsanalysen durchführen. So können beispielsweise die erfolgreichsten Websites in einem Segment identifiziert werden, die dann als Best-Practice-Beispiele (Orientierung an den Besten) zur Steigerung des eigenen Erfolgs herangezogen werden können.

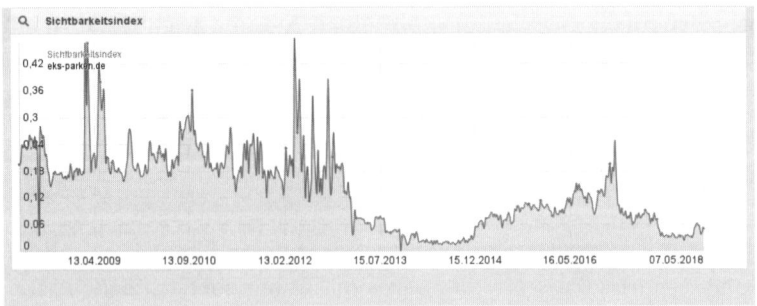

Grafik: Sichtbarkeitsindex, eks-parken.de; Quelle: Sistrix

Pfando wies über mehrere Jahre einen nahezu nicht vorhandenen Sichtbarkeitsindex auf. Durch aktive SEO-Maßnahmen im Frühjahr 2016 konnte die Sichtbarkeit massiv erhöht werden. Der Sichtbarkeitsindex der Website zum Zeitpunkt der Analyse wird vor allem durch eine Vielzahl guter Keywordrankings rund um das Thema Autopfandhaus erreicht.

Keyword	Posit...	URL	Traffic	CPC
autopfandleihhaus	1	www.pfando.de/	▬	3,60 €
autopfandhaus hamburg	1	www.pfando.de/hamburg/	▬	4,50 €
autopfandhaus hannover	1	www.pfando.de/hannover/	▬	3,80 €
autopfandhaus mannheim	1	www.pfando.de/mannheim/	▮	4,90 €
autopfandhaus dortmund	1	www.pfando.de/dortmund/	▮	3,50 €
autopfandleihhaus münchen	1	www.pfando.de/muenchen/	▮	4,70 €
autopfandleihhaus stuttgart	1	www.pfando.de/stuttgart/	▮	2,70 €
auto pfandleiher	1	www.pfando.de/hamburg/	▮	-
autopfandleihhaus bremen	1	www.pfando.de/bremen/	▮	-
autopfandleihhaus erfurt	1	www.pfando.de/erfurt/	▮	-
autopfandleihhaus hannover	1	www.pfando.de/hannover/	▮	-
kfz pfandhaus hannover	1	www.pfando.de/hannover/	▮	-
kfz pfandleihe dresden	1	www.pfando.de/dresden-fsp/	▮	-
bargeld pkw	1	www.pfando.de/	▮	-
kfz leihhaus köln	1	www.pfando.de/koeln/	▮	-
pfandleihhaus auto	1	www.pfando.de/	▮	-
auto leihhaus düsseldorf	1	www.pfando.de/duesseldorf/	▮	-
pfandleihhaus auto hamburg	1	www.pfando.de/hamburg/	▮	-
pfandhaus autos düsseldorf	1	www.pfando.de/duesseldorf/	▮	-
leihhaus auto münchen	1	www.pfando.de/muenchen/	▮	-
autopfandhäuser nürnberg	1	www.pfando.de/nuernberg/	▮	-
pfandleihhaus motorrad	1	www.pfando.de/motorrad-pfandhaus/	▮	-
kfz pfandkredit münchen	1	www.pfando.de/muenchen/	▮	-
pfandleihe hamburg auto	1	www.pfando.de/hamburg/	▮	-
autopfandhaus kiel	1	www.pfando.de/kiel/	▮	-

Rankingübersicht (Position 1) am Beispiel von pfando.de; Quelle: Sistrix

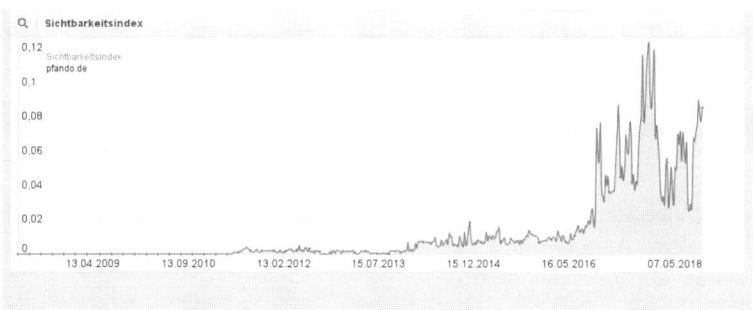

Sichtbarkeitsindex am Beispiel von pfando.de; Quelle: Sistrix

Auswahl von Analyse- und Trackingtools

➤ Google-Analytics: unverzichtbares Allroundwerkzeug direkt vom Suchmaschinengiganten. Sie erhalten hier alle wichtigen Daten über die Besucher Ihrer Internetseite, vom Nutzerverhalten über Verweildauer, Absprungraten bis zu den Ursprungsquellen. Das Standardtool für eine funktionierende Erfolgskontrolle.

➤ Keyword Planner von Google: ist Teil des AdWords-Programms, mit dem Sie nicht nur Suchmaschinenanzeigen organisieren und ausspielen, sondern auch effiziente Keyword-Recherche betreiben können.

➤ Mobile Friendly Test: https://search.google.com/test/mobile-friendly. Hier sehen Sie, ob Ihre Seite fit für Mobilgeräte ist – ein Kriterium, das für Google immer wichtiger wird.

➤ Link Detox: ein Link Research Tool, mit dem Sie schlechte Links aufspüren, Ihr Linkprofil managen und die Disavow-Funktion aktivieren können, mit der Sie bei Google Backlinks für ungültig erklären.

> Toolboxen stehen gleich für ganze Werkzeugkästen, jedoch mit jeweils unterschiedlichen Schwerpunkten und Stärken. Sie liefern alle wichtigen SEO-Kennzahlen, darunter die wichtige »Sichtbarkeit«, oft auch rückwirkend.

> Sistrix (in Deutschland die meistgenutzte Toolbox)

> Searchmetrics

> SEOlytics

> XOVI

> Majestic SEO

> Ryte (früher Onpage.org): Webseitenerstellung, inklusive der Inhalte, Keyword- und Rankingüberwachung.

> Contentbird (früher Linkbird): managt alle Schritte des Content Marketings.

Netiquette: Erfolgsprinzipien

Wir haben im Verlauf des Buchs bereits mehrfach auf die Qualitätskriterien hingewiesen, die Besucher und Google zufrieden machen und sich positiv auf Ihr Ranking auswirken. Bitte halten Sie sich an die folgenden wichtigen Regeln, die für Qualität, Seriosität und Transparenz stehen und letztlich dafür sorgen, dass Ihre Maßnahmen auch fruchten. Wir als Dienstleister tun dies selbstverständlich auch:

> Vermeiden Sie Internetspam. Alle Maßnahmen sollten suchmaschinenfreundlich durchgeführt werden. Spamtechniken wie zum Beispiel inhaltliche Irreführung lehnen wir ab. Zudem

halten wir uns an die Kriterien des BVDW (*Bundesverband Digitale Wirtschaft*).

➤ Nutzen Sie nur relevante Keywords für eine Optimierung. Wir als Agentur verpflichten beispielsweise unsere Kunden nicht dazu, eine hohe Mindestanzahl an Suchbegriffen bei Suchmaschinenanzeigen zu beauftragen, die ihnen keinen nennenswerten Nutzen verschaffen. Ihr Dienstleister sollte sich auch daran halten.

➤ Klar definierter Traffic: Wir optimieren keine themenfremden oder irreführenden Keywords, um unqualifizierte User auf die Website weiterzuleiten, die nicht an den Inhalten der Website interessiert sind. Dies schließt die Namen von Wettbewerbern ein.

➤ Keine Masseneinträge: Wir distanzieren uns von Masseneintragsanbietern, die mittels einer Software Ihre Website bei freien Linklisten und sonstigen irrelevanten Verzeichnissen anmelden.

Wer sich an diese Leitlinien hält, ist davor gefeit, von Google degradiert zu werden. Ohnehin wären jegliche Vorteile, wenn überhaupt, nur kurzfristiger Natur.

Enterprise SEO

Enterprise SEO, die Suchmaschinenoptimierung großer Websites, unterliegt hinsichtlich der SEO-Faktoren denselben Grundsätzen wie kleinere Projekte. Die unvergleichlich größeren Datenmengen, die Komplexität dieser Daten und die höhere finanzielle Dimension erfordern jedoch eine völlig andere Vorgehensweise als bei der Betreuung großer Onlineprojekte.

Was ist Enterprise SEO?

Enterprise SEO zeichnet sich gegenüber der Standard-SEO dadurch aus, dass nicht eine zwei- bis dreistellige Anzahl, sondern Tausende von Seiten betreut werden. Die Daten, auf deren Grundlage die statischen und dynamischen Seiten entstehen, sind so feingliedrig wie möglich strukturiert, um eine möglichst flexible Einsetzbarkeit der Datenbestandteile und dahinterstehenden Angebote und Informationen zu ermöglichen. Allgemein formuliert ist es das Ziel großer Websites, die Nutzeranfragen möglichst gezielt zu lenken und auf diesem Wege ein Maximum an Conversion zu erzeugen. Das Thema von Enterprise SEO ist daher die Verwaltung der Datenmengen auf großen Internetseiten, ihre Qualifizierung im SEO-Sinne, die Messung des Traffics und seiner Aspekte, seine Conversion-Optimierung und schließlich das Resource Management dieser Aufgaben. Um diese umsetzen zu können, bedarf es allerdings der entsprechenden technischen wie organisatorischen Ausstattung.

Enterprise SEO ist vor allem die Suchmaschinenoptimierung großer E-Commerce-Websites

Der Begriff Enterprise SEO mag den Eindruck erwecken, als beziehe er sich allein auf große Unternehmen. Das muss nicht unbedingt so sein. Nicht die Größe des Unternehmens, sondern der Websites prägen hier die Einteilung. Eine Internetseite wie die von Googles Mutterkonzern Alphabet ist sicher kein Thema von Enterprise SEO, obwohl das Unternehmen sehr groß ist, wenn man seine Tochterunternehmen in die Rechnung einbezieht. Auf der anderen Seite finden sich auf der Website von Wikipedia Millionen von Seiten, obwohl Wikipedia alles andere als ein Großkonzern ist. Tatsächlich ist Enterprise SEO vor allem für große E-Commerce-Seiten mit Hunderttausenden von Artikeln relevant, unabhängig davon, wie groß die dazugehörige Firma ist. Und diesen Websites ist in der Regel eines gemeinsam: Die Suchmaschinenoptimierung jeder einzelner ihrer Produkt- und Kategorieseiten ist für ihren Umsatz direkt relevant.

Grundsätzliche Voraussetzungen von Content Management Systemen (CMS) für Enterprise SEO

Kleine Onlineprojekte können manuell erstellt und betreut werden, größeren Anforderungen genügen Redaktionssysteme wie Word-Press, die die Integration interaktiver Funktionen und die selbstständige Betreuung der Seiten durch Redakteure ermöglichen. Für die Verwaltung großer Websites ist die Nutzung eines umfangreicheren Content Management Systems (CMS) erforderlich, das die Bearbeitung komplexer Datenstrukturen und die systematische Onsite-Optimierung ermöglicht. Wichtige Voraussetzungen an das genutzte System sind dabei, dass

➤ relevante Tags wie der ALT-Tag, der Meta-Description-Tag und der maschinenlesbare Markup-Code für jede Seite verfügbar sind.

➤ notwendige HTML-, CSS- und JavaScript-Design-Codes für jede Seite verfügbar sind.

➤ es die Auswahl von Daten aus der Datenbank des CMS erlaubt, zum Beispiel Produktbilder, -beschreibungen und -anzahl.

➤ in der Datenbank nicht vorhandene Daten manuell eingegeben werden können.

➤ es nicht zuletzt die Optimierung für mobile Seiten erlaubt.

Die Rolle der mobilen Nutzung für die Enterprise CMS

Laut Statista[25] nutzten 2016 54 Prozent der Deutschen das Internet mobil, davon 40 Prozent im Alter von 39–49 Jahren. Und nach einer amerikanischen Studie von seoClarity[26] aus demselben Jahr hat sich der Konkurrenzkampf auf Google gerade durch den mobilen Zugang deutlich verschärft. Während die Klickrate auf den ersten Link bei 27 Prozent (auf dem Desktop sind es 19 Prozent) liegt, klicken nur 9,2 Prozent auf den zweiten (Desktop 11,4 Prozent) und 3,9 Prozent auf den dritten Link (Desktop 7,7 Prozent). Nach der Searchmetrics-Studie von 2017[27] liegen bei mobil top-gerankten URLs Dateigröße und Ladezeit ein Drittel unter den Desktop-Werten. Für ein großes E-Commerce-Unternehmen führt eine fehlende Mobile-Optimierung zu sinkenden Klickraten und deutlichen Umsatzeinbußen. Auf die Bedeutung von mobiler Optimierung sind wir daher eingegangen. Deshalb ist die Optimierung auf mobile Seiten hin und speziell auf Faktoren wie Dateigröße und Ladezeit ein starkes Kriterium bei der Auswahl eines CMS.

Enterprise CMS sollten eine automatische mobile Optimierung ermöglichen

Für Firefox gibt es seit Jahren Plugins wie YSlow, Page Speed und W3 Total Cache, die die Ladezeit einer Seite messen. Google hat mit »Google PageSpeed« einen eigenen Service. Open Source und kommerzielle CMS bieten ebenfalls eigene Lösungen zur Verringerung der Ladezeit an. Wer Zigtausende von Seiten betreut, sollte aber auf keinen Fall genötigt werden, zur mobilen Optimierung die Software wechseln oder jede einzelne Seite messen zu müssen. Viele Enterprise CMS bieten deshalb die automatische Ausgabe kleiner Bilder mit geringer Datengröße für mobile Nutzer oder die mobile Optimierung einer gesamten Seite an.

Auch bei großen Datenmengen kann die individuelle Bearbeitung der einzelnen Daten erforderlich sein. Wenn ein CMS mit Daten einer Datenbank gefüllt wird, ist die Bearbeitung einzelner Datensätze oft unumgänglich, zum Beispiel

➤ weil die Einzigartigkeit der Daten gegeben sein muss: Die Daten, die von den Herstellern beispielsweise an ihre Verkäufer gehen, unterscheiden sich nicht in jedem Einzelfall derart voneinander, dass sie das Kriterium der Einzigartigkeit erfüllen (unique vs. duplicate Content). Deshalb muss jedes einzelne Produkt daraufhin untersucht und gegebenenfalls von anderen durch produktspezifische Keywords, Beschreibungen und Tags unterschieden werden. Erst dann kann die Produktseite online ranken, also sich von anderen abheben. Wenn alle dieselben Inhalte nutzen, selbst wenn es legitim ist, gibt es naturgemäß nichts, wodurch sich die Seitenbetreiber voneinander unterscheiden.

➤ im Hinblick auf das System der Keywords: Soll eine Seite zu bestimmten Keywords systematisch ranken, muss sich dieses in den entsprechenden Keywords oder im Content der Daten auf dieselbe Weise wiederfinden lassen.

➤ um den Nutzen jeder Seite für die User zu gewährleisten: Der Nutzwert einer Seite für die User ist ein wichtiger Rankingfaktor. Gerade weil ein interessanter Rankingfaktor wie die Textlänge auf Produktseiten oft nicht angewendet werden kann, ist die Fokussierung auf Content, der Antworten auf die Fragen der Nutzer liefert, umso wichtiger.

Der ideale Ausgangspunkt für diese Bearbeitungsvorgänge ist ein Produktkatalog des Herstellers.

Kein Enterprise SEO ohne SEO-Plattform

Die Notwendigkeit, wegen der hohen Datenmengen mit einem Enterprise Tool zu arbeiten, betrifft nicht nur das CMS. Wer die Performance von Tausenden von Produktseiten im Zeitverlauf überblicken will, um an ihrer Optimierung zu arbeiten, kommt um eine SEO-Plattform nicht herum. Daher nutzt nur eine Minderheit der Firmen für den Nachweis der Performance der von ihnen betreuten Seiten einfache Tools wie Excel. Die große Mehrheit greift auf umfassendere Tools verschiedenster Herkunft zurück.

Wichtige Funktionen von SEO-Plattformen

Aber nicht nur die Datenmengen erzwingen die Arbeit mit solchen Systemen. Auch die Komplexität von Suchmaschinenoptimierung macht die Nutzung eines Instruments erforderlich, das eine große Anzahl von Performance-Kennziffern misst und übersichtlich präsentiert. Stichpunktartig aufgelistet gehören folgende Features – die teilweise bereits in vorangegangenen Abschnitten erwähnt wurden – zu den wichtigsten Fähigkeiten von SEO-Plattformen:

➤ Ranking-Messung

➤ Page-Level-SEO-Analyse

➤ Link-Analyse

➤ Konkurrenzanalyse

➤ Linkbuilding-Strategien

➤ Content-Optimierungsanalyse

➤ Tracking sozialer Signale

➤ mobile Analyse

➤ lokale Analyse

➤ Beobachtung interner Verlinkung

➤ Internationale Suche

➤ Search-Intent-Analyse

➤ Entdeckung von Error-Seiten

➤ APIs für die Datenintegration

Das Problem, Kollegen und Externe einzubinden

Bei großen Onlineprojekten sind wegen der besonderen wirtschaft-
lichen Relevanz mehr noch als in kleineren Projekten Mitarbeiter
verschiedener Bereiche engagiert, die jeweils – und zu Recht – ihre
eigenen Ziele verfolgen:

➤ Der Content-Produzent/Onlineredakteur möchte das Interesse
der Nutzer inhaltlich und stilistisch befriedigen.

➤ Der PR-Fachmann achtet auf die Einhaltung der Corporate
Identity speziell im Wording und auf die Kernbotschaften.

➤ Für den Entwickler ist die Effizienz seiner Programm-Codes
von vorrangiger Bedeutung.

> Der übergreifende Marketer sieht die Internetseite als Teil einer Marketingstrategie.

> Suchmaschinen- und Social-Marketer fokussieren sich auf Landingpages.

> Die Grafik hat ein Interesse an einem ästhetisch und hinsichtlich des Corporate Designs zufriedenstellenden Auftritt.

> Das Management und hinter ihm die Geschäftsführung achten darauf, inwieweit sich die Investitionen hinsichtlich der Erreichung von Rankings an sich und in Bezug auf den ROI auszahlen.

Hinzu kommt die Notwendigkeit, die Arbeit der verschiedenen extern arbeitenden Mitarbeiter und Agenturen sowie das unterschiedliche Know-how aller Beteiligten zusammenzuführen. Allein das organisatorische Managen dieses Großprojekts, neben dem fachlich-inhaltlichen, ist eine Aufgabe für sich.

Lösungsansätze für die Teamarbeit

Standardisierte Lösungen kann es nur im Ansatz geben, weil jedes Projekt inhaltlich, personell und in seinen Zielen einzigartig ist. Dazu gehören Meetings aller Beteiligten auf bestimmte Projektmeilen bezogen (nicht kalendarisch), zum Beispiel Kampagnen, die Einführung neuer Produktgruppen oder Content-Formate. In diesen Meetings berichtet jede Abteilung und füllt Wissenslücken.

Im Falle von SEO-dominierten Projekten (nicht jede Branche vermarktet sich am besten über Suchanfragen) sind folgende technische und organisatorische Setzungen empfehlenswert:

➤ Die SEO-Leitung ist obligatorischer Teilnehmer von Sitzungen der Abteilungsleiter.

➤ Die SEO-Leitung ist obligatorischer Teilnehmer von Konzeptbesprechungen der Abteilungen.

➤ Die SEO-Abteilung arbeitet mit einer eigenen Seite und Ordnerstruktur.

➤ Vor der Veröffentlichung fließen Informationen zu Programm-Codes, Landingpages, Content und Grafiken allgemein in die SEO-Seite ein, wo sie auf SEO-Richtlinien hin überprüft und gegebenenfalls optimiert werden und die Seite schließlich freigegeben wird.

5. Weitere Topkanäle

Suchmaschinenanzeigen (SEA)

Die Bemühungen um eine attraktivere Seite und mehr Traffic und damit eine höhere Wahrscheinlichkeit, auch darüber Aufträge zu generieren, sollten durch Suchmaschinenanzeigen (SEA) flankiert werden, und zwar ebenfalls auf der in Deutschland mit Abstand wichtigsten Suchmaschine: Google. Auf diese Weise können zielgruppengerecht, genau und mit relativ wenig Streuverlusten Anzeigen geschaltet werden. Kurz haben wir das Thema bereits bei Facebook und Instagram angerissen.

Suchmaschinenanzeigen sind ein bedeutsames Tool, auch innerhalb unserer Agentur. Man kann damit aber auch viel Geld verbrennen. Sie sind in unseren Augen ein geeigneter ergänzender Faktor, vor allem für Kampagnen, spezielle, auch kurzfristige Anlässe und wenn man schnell Erfolge braucht, während man für Suchmaschinenoptimierung mehr Zeit benötigt (siehe auch Grafik Seite XX). So könnte man beispielsweise 70 Prozent eines Suchmaschinenbudgets in SEO stecken und 30 Prozent in SEA.

SEO wird von mehr Leuten gesehen und die Ergebnisse sind organisch. SEA sind Anzeigen, die einmal bezahlt und dann weg sind. Das eine ist ein Haus zu bauen, das andere Miete zu zahlen, wobei die Miete höher ist als die Ratenzahlungen für den Kredit. Aber in eine Mietwohnung kann man sofort einziehen, während ein Heim erst einmal gebaut werden muss. Dabei sollte auch beachtet werden, dass

Anzeigen in bestimmten, in sensiblen oder in »gehobenen« Bereichen nicht automatisch funktionieren. Würden Sie auf die Seite eines Arztes gehen, der mittels Google-Anzeigen oben rankt (vor allem angesichts der Wartezeiten auf einen Termin)? Aus demselben Grund verzichten auch Top-Immobilienmakler durchaus auf Werbung. In jedem Fall haben Suchmaschinenanzeigen auch Auswirkungen auf Ihre Marke und Reputation.

Wir haben es im Link-Abschnitt bereits erwähnt: Das Schalten von Google-AdWords-Anzeigen bei Google hat, entgegen aller Gerüchte, keinen Einfluss auf den organischen Suchbereich. Jedoch ist dies eine gute Möglichkeit, den Traffic Ihrer Website zu erhöhen. Denkbar ist auch, dass der Traffic über das Bestehen der jeweiligen Anzeige hinausgeht und somit die Seite auch langfristig profitieren kann. Dies ändert aber nichts an der Tatsache, dass Google AdWords und das organische Ranking, das wir im Hauptteil des Buches beschrieben haben, völlig unabhängig voneinander existieren.

Eine Kommunikationsgrundregel lautet zwar: »Das Wichtigste zuerst«. Doch wir halten es jetzt ausnahmsweise einmal anders herum. Bevor wir uns ausgiebig Google-AdWords widmen, hier daher ein kurzer Überblick über andere googleeigene Werbe- und Vermarktungskanäle. Dabei möchten wir betonen, dass dieses Buch die Suchmaschinenoptimierung zum Mittelpunkt hat. Unsere Ausführungen zum SEA-Thema sollen also nur einführen und die Brücke von der Suchmaschinenoptimierung zum »Partnergebiet« schlagen. Denn beides funktioniert, wie erklärt, im Verbund. Weitergehende Informationen erhalten Sie in Ratgebern, die sich auf dieses Gebiet konzentriert haben.

Google AdSense

Im Gegensatz zu Google-AdWords, das bei den Suchergebnissen ausgespielt wird, richtet sich das Google-AdSense-Programm an

Webseitenbetreiber, darunter oft Blogger, die mit ihren Inhalten (auch) Geld verdienen möchten. Google zahlt für jeden Klick oder jede Impression auf die Anzeigen einen gewissen Betrag an die Plattforminhaber. Die Bereitstellung der Anzeigen erfolgt über Google, als Webmaster wählt man keine konkreten Anzeigen direkt aus. Anders als bei Google-AdWords werden diese Anzeigen nicht nach der Eingabe konkreter Suchanfragen geschaltet, sondern finden sich auf Seiten wieder, die Inhalte bieten, die zu den Keywords passen. Aus diesem Grund sind hier die Klickraten wesentlich geringer. Eine Schaltung im Content-Netzwerk kann sich auszahlen, wenn man die Reichweite erhöhen oder eine Marke aufbauen und stärken möchte.

Google-Display-Netzwerk

Das Google-Display-Netzwerk ist ein Netzwerk aus mehreren Millionen Webseiten, auf denen Werbeanzeigen geschaltet werden (Seiten aus dem Google-AdSense-Programm). Die Werbeflächen werden über AdWords in einem Wettbewerb versteigert. Es lassen sich im Gegensatz zum Suchnetzwerk neben Textanzeigen auch Bild- und Video- sowie Rich-Media-Anzeigen schalten.

Google Shopping

Google Shopping ist eine gute Möglichkeit für Onlinehandeltreibende, einzelne Produkte zu bewerben. Hierfür wird ein Google-Konto benötigt, womit man einen Merchant Center Account einrichten kann. Über sogenannte Produktfeeds (CSV-Dateien) siehe etwa https://support.google.com/merchants/answer/7052112?visit_id=1-636174994842006692-1294914580&hl=de&rd=1 werden Informationen zu den jeweiligen Produkten (Name, Preis, Verfügbarkeit und vieles mehr) an Google gesendet. Die Produkte müssen zudem in einem Onlineshop verfügbar sein. Der Google-Algorithmus entscheidet, ob die Produkte als Anzeige bei der entsprechenden Suche ausgespielt werden. Hier das Beispiel »Kühlschrank«:

Quelle: Google

Klickt der Suchende auf eines der Produkte, berechnet Google den Ad-Words-CPC-Wert. Weitere Infos finden Sie hier: https://www.google.be/intl/de/retail/ und einen guten Überblick hier: https://www.xovi.de/2016/11/wie-funktioniert-eigentlich-google-shopping/

Google AdWords

Die zentrale Anzeigenplattform im Internet ist jedoch Google AdWords. Google trennt eindeutig und scharf zwischen unbezahlten, organischen Suchergebnissen und bezahlten Anzeigen, ähnlich wie eine gute Tageszeitung. Diese transparente Aufteilung der Informationen kommt den Erwartungen vieler Nutzer stark entgegen und dürfte mit ein Grund für den überragenden Erfolg von Google sein. Denn viele Nutzer lehnen die Vermischung von beidem oder Schleichwerbung ab (sofern sie sie als solche wahrnehmen, was bei YouTube-Videos von Beauty-Bloggerinen nicht unbedingt der Fall ist).

Zur Kampagnenverwaltung und zum Ausspielen von Google-Such-anzeigen werden Sie Google AdWords nutzen, womit auch eine automatische Kostenkontrolle und Messbarkeit verbunden sind. Letzteres ist vor allem deswegen wichtig, weil man alle Faktoren und Nutzerverhaltensweisen stets im Blick behalten muss, um die Kampagnen permanent zu optimieren. Denn wie die Anzeigen Anklang finden und das Geschäft beleben, wird sich erst nach dem Start zeigen. Der Vorteil gegenüber anderen, älteren Werbekanälen ist allerdings eklatant: Man sieht genau, was funktioniert und was nicht und was man für sein Geld erhält. Henry Ford hätte sich gefreut, wenn nicht sogar Google Adwords erfunden, hätte er ein Jahrhundert später gelebt.

Eine AdWords-Kampagne und -Anzeige ist gebunden an Keywords. Die präzise Festlegung von Keywords ist daher bei SEA noch bedeutsamer als bei der Suchmaschinenoptimierung. Schließlich ist das Eintippen eines Keywords durch einen Suchenden das einzige Element, das zu der Anzeige leitet. Die Eingabe oder das »Einsprechen« eines Keywords löst die Anzeigenschaltung aus und darauf wiederum müssen Sie die Gestaltung der Anzeige und den Text abstellen. Den Anzeigen werden also Keywords zugewiesen, bei deren Eingabe dann die Werbung ausgespielt wird. Dabei gibt es verschiedene Möglichkeiten, wie Suchbegriffe und Ihre ausgewählten Keywords zusammenfinden:

➤ Broad-Match: weitgehend passende Keywords

➤ Phrase-Match: passende Keywords

➤ Exact Match: genau passende Keywords

➤ Negative Match: ausgeschlossene Keywords. Dieser Punkt erhöht den Anteil des relevanten Traffics, verbessert somit die Klickraten und führt zu sinkenden Preisen (siehe Qualitätsfaktoren)

Vor allem bei generischen Keywords, hinter denen schließlich ein hohes Suchvolumen steckt, sollte man auf die Matchingoption eher verzichten. Denn hier steht bei den Nutzern der Kauf- und Entscheidungsprozess meist noch am Anfang und eine entsprechende umsatzbringende Aktion ist völlig offen. Das Ergebnis wären in solchen Fällen zu viele irrrelevante Suchanfragen. Keywords mit hohem Suchvolumen und hoher Relevanz sollten dagegen auch genauso bei Google eingekauft werden.

Allein schon an diesen, fein abzuwägenden Gedanken lässt sich erkennen, dass SEA eine Wissenschaft für sich ist. Wir empfehlen daher andere Bücher, um bei SEA in die Tiefe zu gehen.

Wie vorteilhaft Google die relevanten Keywords anzeigt, haben wir bereits im SEO-Keywords-Kapitel erklärt. Der Keyword-Planer mit allen seinen Recherche- und Vorschlagsfunktionen und der Angabe des jeweiligen Suchvolumens bietet Ihnen eine exzellente Möglichkeit zur Auswahl der Schlagwörter für die Anzeige samt Titel und Beschreibungstext. Man muss sich dabei immer wieder vergegenwärtigen: AdWords ist das finanzielle Rückgrat von Google und sein Goldesel. Daher werden Werbekunden stets auf eine Fülle (neuer) Keywords gebracht.

Mit einem Gebot innerhalb einer Auktion in Echtzeit legen Sie die Höhe des Klickpreises für die Anzeige fest. Bei der Abrechnung zählen Impressions (also Einblendungen) der Anzeigen oder Klicks. Die Höhe Ihres Gebots (und der Ausgang der Auktion) beeinflusst dabei die Platzierung der Anzeige im Hinblick darauf, wie häufig sie angesehen wird. Werden Sie beim Gebot auf ein konkretes Keyword überboten, landet Ihre Anzeige auf den seltener gesehenen und geklickten Plätzen.

Vielleicht können Sie es schon nicht mehr hören, aber selbst im Bezahlbereich von Google achtet das Unternehmen auf höchste

Qualität. Beim Ausspielen/Ranking der Werbung für Google ist der Preis nicht alles, sondern auch der Qualitätsfaktor der Anzeige. Dazu werden vor allem die bisherige Klickrate der Anzeige (CTR) und des Keywords herangezogen, aber auch die Relevanz und Keyword-Leistung. Es ähnelt dabei eindeutig den Kriterien und Mechanismen im kostenlosen SEO-Bereich und bedeutet, dass man sich beim Gestalten und Formulieren der Werbung genauso viel Mühe geben sollte, allein schon deswegen, um bei den Kunden Wirkung zu erzielen. Achten Sie also auf passende Keywords, ansprechende Texte und einen Call-to-Action. Vor allem aber muss Ihre Landingpage gut sein (die es aber wohl schon ist, nachdem Sie unsere Hinweise im vorangegangenen, zentralen Abschnitt beherzigt haben). Denn Google misst auf der Zielseite wiederum die Verweildauer, die Absprungrate und so weiter. Da Google die Leistung einer Anzeige schlichtweg erst dann berechnen kann, wenn sie aktiv ist, können sich auch hier im weiteren Verlauf die Rahmenbedingungen dynamisch ändern, und zwar ausgedrückt durch Preise und Platzierung. Auf der anderen Seite sind hohe Klickraten ohnehin das, was man für den Erfolg von Marketingbemühungen erreichen möchte und muss. Sie sind, von Themen wie Reputation oder Markenbildung einmal abgesehen, das absolute Ziel und die Basis für den Geschäftserfolg (Conversions) eines Unternehmens.

Die Parallelen zum SEO-Gebiet und zu allem, was wir über Keywords geschrieben haben, sind dabei offenkundig: Auch hier gilt es, passende und spezifische Suchbegriffe zu finden beziehungsweise auszuwählen. Funktionierende und oft benutzte Keywords sind dabei heiß umkämpft und entsprechend teuer. Zu spezifische Keywords wiederum werden seltener benutzt, haben aber eine höhere Conversionsrate, da die Suchenden im Entscheidungsprozess meist schon weit fortgeschritten sind. Ebenso an dieser Stelle ist es wichtig, abzuwägen und zu testen: Eine zu spezielle Anzeige oder ganze Kampagne engen den Kreis der Sucher ein, gleichzeitig liegen in der Regel die Preise niedriger, da sich deutlich weniger Nutzer angesprochen fühlen, aber jene Kunden, die auf Ihre Anzeige klicken, haben einen höheren Wert.

Wir würden empfehlen, eher mit generischen und volumenstarken Suchwörtern zu beginnen. Je nach Erkenntnissen sollten Sie dann nachjustieren. Nehmen Sie anfangs eher mehr Geld in die Hand, um möglichst viele Erfahrungswerte zu sammeln, wofür wiederum auch unterschiedliche Anzeigen hilfreich sind. Später sollte man fokussierter vorgehen, natürlich auch aus Kostengründen. Sie sehen dann, auf welche Keywords Sie Conversionen erzielen – Kontaktanfragen, Abschicken eines Onlineformulars, Newsletteranmeldung, also Mikro-Conversionen, aber vor allem Verkäufe – und bei welchen Begriffen eher weniger los ist. Suchbegriffe zu präzisieren oder zu ersetzen ist der Kern des Justierungsprozesses, der durch gezielte Analyse der Kampagnen, Anzeigen und Keywords professionell organisiert wird.

Wenn möglich – aber was spricht schon dagegen? – sollte das Keyword in der Überschrift und im Anzeigentext enthalten sein. Packen Sie die Schlagwörter am besten auch in die Anzeigen-URL, denn sie werden bei der Suche fett markiert werden und fallen somit gleich ins Auge. Zentral im Werbetext ist natürlich die Zielseite, auf die die Kunden bei einem Klick auf die Anzeige weitergeleitet werden.

Beispielhaft stellen wir eine mögliche Vorgehensweise und Anzeigenschaltung dar. Als Beispiel dient uns eine kleine PR-Agentur Sie hat fünf Leistungsschwerpunkte:

➤ Texterstellung

➤ Pressearbeit

➤ Social-Media-Beratung

➤ Lektorat

➤ Kommunikationsseminare

Sie sollte zunächst eine zweimonatige Probephase mit einem begrenzten Monatsbudget aufsetzen und ausprobieren. Zunächst muss die Zielgruppe festgelegt werden, die Zielregion, Sprache und Orte/Regionen (auch mittels des Ausschlussprinzips). Der Agentur würden wir eine Kampagne mit fünf Anzeigengruppen und je zwei Anzeigen empfehlen, aus Kosten- und Testgründen jedoch mit dem allgemeinen und tendenziell eingängigsten und übergreifenden Thema »Texterstellung« beginnen. Die anderen Kampagnen nehmen wir dann nach und nach hinzu.

Das Angebot und die Kampagne »Texterstellung« dreht sich um Texte aller Art, schwerpunktmäßig jedoch um Pressetexte und Presseinformationen mit einschlägigen Synonymen. Um diese abzudecken, würden wir fünf Anzeigengruppen einrichten: Texten, Pressetext, Presseinformation, Pressemitteilung und Presseerklärung. Vor allem die letzten drei unterscheiden sich inhaltlich nicht, sondern nur im Wording. Wie diese Unterscheidung funktioniert, ja ob sie überhaupt notwendig ist, wird, wie alles auf dem Gebiet, getestet und beobachtet.

Die Kampagnen mit den entsprechenden Anzeigen lassen wir über das Suchnetzwerk von Google AdWords laufen, und zwar mit einem Tagesbudget von 10 Euro (was sehr wenig ist, aber uns geht es hier nur um die Darstellung des Wirkprinzips) und einem maximalem Cost-per-Click (CPC) von 3 Euro (anfangs so eingestellt), was man später nach unten anpassen wird. Heruntergebrochen auf zehn Anzeigen ist das nicht viel, mehr Geld steht aber für solch ein Projekt realistischerweise nicht zur Verfügung. Der weitere Verlauf wird jedoch zeigen, welche Anzeigengruppen und Keywords am besten ankommen. Später kann man sich darauf konzentrieren oder andere ausschließen.

Zu den Einstellungen: Die Sprache der Zielgruppe ist Deutsch, das Zielgebiet ist Deutschland. Anvisiert werden alle Geräte. Zunächst wird es keine tageszeitlichen Einschränkungen geben, wir nutzen bei den Suchbegriffen »genau passend« und »manueller CPC«, autooptimiert. Die Kosten pro Klick variieren und sind abhängig von der Konkurrenzsituation, aber auch dem Quality-Score, denn Google bewertet auch die Performance der Anzeigen: je besser die Klickrate, desto höher der Quality-Score und desto niedriger der CPC.

Zudem sollten Sie, je nach Relevanz, auch die *Anzeigenerweiterung* nutzen, was sich für unser Beispiel anbietet: Hier lassen sich nützliche Sitelinks einbauen, aber auch die Telefonnummer, die wiederum Vertrauen aufbaut, zu höheren Klickraten führt und damit die Anzeigenqualität verbessert. Der daraus resultierende Qualitätsfaktor ist mitentscheidend für das Preisgefüge: Er ergibt sich aus der CTR, der Anzeigenrelevanz und auch der Erfahrungen mit der Landingpage, also, ob die Nutzer dort verweilen oder sofort abspringen.

Zu den Details

Mit den beiden Anzeigengruppen »Texten« und »Pressetext« stellen wir stellvertretend unser generelles Vorgehen für den Bereich »Texterstellung« vor. Diese haben, wie alle anderen auch, je zwei Anzeigen, also vier insgesamt. Die Keywords basieren auf unseren Erkenntnissen bei der Keywordrecherche, die sich durch das gesamte Konzept ziehen. Diese Wörter haben wir entsprechend dem Thema ausgewählt und sie sind, im Gegensatz zu SEO, eher länger, was jedoch nicht absolut zu sehen ist. Eine sinnvolle Auslieferung der Keywords beeinflusst ebenfalls den Qualitätsfaktor.

Unsere Keywordrecherche hat vor allem beim »Texten« interessante Chancen aufgezeigt, relativ günstige und wenig umkämpfte Keywords zu schalten, mit Preisen von 12 bis 16 Cent und einem Wettbewerbsfaktor von 0,02 bis 0,04: *pr text, internet texter, textschreiber*. Auch wenn die Keywords weitere Begriffe umfassen werden, sollte man die vorgenannten besonders im Blick haben, wobei man die genauen Preise und das Funktionieren dieser Begriffe erst nach dem Start der Kampagne beobachten und somit feintunen kann.

In der zweiten Anzeigengruppe »Pressetext« sind naturgemäß alle Begriffe auf dieses Segment abgestellt.

Beim Texten der Anzeigen beachten wir wichtige Faktoren, wie Alleinstellungsmerkmal, direkte Ansprache, Call-to-Action, das Nutzen mindestens eines Keywords und »Preise/Angebote«. Zu beiden Anzeigengruppen erstellen wir je zwei Anzeigen, die sich nur in einem Teil unterscheiden (A/B-Test). So kann man sehen, welche Anzeigen jeweils besser ankommen. Auch dies ist wichtig, um gegebenenfalls umzuschreiben, aber auch, um das Budget möglichst optimal einzusetzen.

»Texten«   »Pressetext«

Sie brauchen Texte?
Inhalte für Flyer, Blogs, Internet.
Jetzt den Profi testen! 1h gratis.
frankhauke.com/leistungen/texte/

Pressetexte - über Nacht
Pressemitteilungen und Pressemappen
Journalist textet! 1h gratis.
frankhauke.com/leistungen/texte/

Texte - extrem schnell
Inhalte für Flyer, Blogs, Internet.
Jetzt den Profi testen! 1h gratis.
frankhauke.com/leistungen/texte/

Pressetexte - vom Profi
Pressemitteilungen und Pressemappen
Journalist textet! 1h gratis.
frankhauke.com/leistungen/texte/

Auf weitere Anzeigenmöglichkeiten würden wir aktuell verzichten, und zwar nicht nur aus Budgetgründen. Facebook-Anzeigen würden wir wegen des starken Businessthemas nicht empfehlen. Eine aufgrund der einschlägigen Zielgruppe äußerst passende Möglichkeit wäre jedoch, mittels Google auf Xing zu werben, was auch durch eine Anzeigenerweiterung möglich ist. Generell würden wir dies aber erst in einem späteren Schritt und nach der Auswertung der Erfahrungen mit dem Google-Suchnetzwerk angehen.

Wie bei allen Aspekten des SEMs ist es wichtig, permanent die Ergebnisse zu messen, um daraufhin das SEA anzupassen, Keywords zu verändern oder neue Anzeigengruppen und Anzeigen zu verfassen: Klicks, Impressionen, CTR, durchschnittliche CPC, Kosten, durchschnittliche Position, Conversion, Kosten/Conversion oder die Conversion-Rate muss man stets im Blick haben. Die entsprechenden Werte erhält man über den Suchbegriffsbericht. Dasselbe gilt für den Auktionsdatenbericht. Dort sind auch Daten zu Wettbewerbern einsehbar. Über das im SEO-Teil bereits vorgestellte Tool Google Analytics bekommt man wiederum Daten zu den Nutzern, die über die Anzeigen eingehen, also deren Anzahl, wie lange sie auf der Seite bleiben und welche Seiten sie sich anschauen. Aus diesem Schatz an Daten lassen sich weitere Werte wie *Return on investment (ROI)* oder *Return on advertising spend (ROAS)* berechnen und insgesamt Schlussfolgerungen ziehen, wo man steht, um gegebenenfalls umzusteuern, die Faktoren zu optimieren und auch die Anzeigenqualität zu verbessern. Gerade in der Anfangsphase heißt es: testen!

Übrigens: Die Werbung, die Google auf den Suchergebnisseiten schaltet, muss für die gesuchten Inhalte relevant sein, sonst lehnt sie Google ab, spielt sie nicht aus oder verzichtet bei bestimmten Suchanfragen auch auf Anzeigen.[28]

6. Fazit, Ausblick und die nächsten Schritte, SEO bei sich einzuführen

Die Unternehmenswebsite ist das Ladengeschäft des 21. Jahrhunderts und Suchmaschinenoptimierung ist dazu die zeitgemäße Werbeform mit dem besten Preis-Leistungs-Verhältnis. SEO und Online-PR gemeinsam erhöhen die Sichtbarkeit und stärken die einzelne Marke. SEA sollte als flankierendes Element mit ins Kommunikationsportfolio kommen. Starkes Content-Marketing heißt vor allem Authentizität, binden Sie dabei auch klug Social Media und andere Elemente der Kommunikationsarbeit ein. Konzentrieren Sie sich auf eigene Kommunikationsstrategien und stellen Sie die SEO-Mythen hintenan. Und Keywordstuffing ist weder für den Text noch den Leser sinnvoll – und für Google schon einmal gar nicht.

Wer sich an diese und andere Leitlinien und Grundregeln hält, kann im Ranking rasch die vorderen Plätze einnehmen und die gewünschten Conversions erzielen. Voraussetzungen dafür sind der entsprechende Fleiß, Kreativität und natürlich das dazugehörige Angebot auf der Seite, das den Anbieter und die Inhalte relevant macht. Jene, die ehrliche und authentische Inhalte erschaffen und die den Nutzer voll im Blick haben, haben ohnehin schon viel gewonnen.

Es ist dabei wichtig, fokussiert zu bleiben – am besten so klar und übersichtlich wie die Suchmaske von Google selbst. Denken Sie stets an die Benutzerfreundlichkeit mit den für einen User wichtigen Attributen:

➤ Erlernbarkeit

➤ Effizienz

➤ Einprägsamkeit

➤ Zufriedenheit

➤ Nützlichkeit

Sie haben nun ein ganzes Buch gelesen. Trotzdem fragen Sie sich jetzt vielleicht, wo fange ich an? Daher hier nochmal, als extreme Kurzzusammenfassung, Ihre nächsten Aufgaben und Prioritäten:

➤ Unbedingt und kontinuierlich Links aufbauen.

➤ Die für das Unternehmen/das Anliegen wichtigsten Suchbegriffe analysieren.

➤ Inhalte auf die Suchbegriffe abstimmen.

➤ Generell den Content ausbauen, attraktiv machen und optimieren, und zwar mit vielfältigen Formaten und Darstellungsformen.

➤ Besonders die Landingpages verbessern. Sie sollten rund sein und vielfältige Elemente wie Grafiken, Fotos oder auch einen Podcast beinhalten.

➤ Eine Holistische Landingpage (oder mehrere davon) erwägen, die bestimmte, besonders wichtige Themen und Aspekte ausführlich und herausragend beleuchtet.

➤ Für den potenziellen Kunden anziehende Titles und Descriptions schaffen.

➤ Richsnippet hinzufügen.

➤ 404-Fehlerseiten umleiten (interne und externe Verlinkungen).

➤ Geschwindigkeit der Seiten verbessern.

➤ Die Website auf mobile Endgeräte ausrichten.

Alle diese Maßnahmen sollten angemessen erfolgen, Aufwand und Nutzen müssen zusammenpassen. Denken Sie dabei immer auch an den Kontext/die Situation, in der sich der Nutzer befindet: Ort, Saison, Uhrzeit, hat er Zeit, ist es dringend? Wobei dies abhängig ist von Thema und Anliegen. Achten Sie darauf, dass sich die Algorithmen und die Gewichtung der Regeln mit der Zeit ändern können. Doch wir wagen dabei die Behauptung, dass es im Grundsatz so bleiben wird. Das System scheint aus heutiger Sicht ausgereift zu sein. Google dürfte bei Neuerungen sein Hauptaugenmerk darauf legen, weiter und noch ausgeklügelter Manipulation zu verhindern. User-Signale und Traffic beispielsweise sind sehr schwer bis gar nicht zu beeinflussen, sie dürften damit ihr starkes Gewicht behalten, möglicherweise sogar tendenziell zunehmen.

Zentral sind daneben die Keywords, deren Bedeutung und Herleitung wir ausgiebig erläutert haben, und Links. Links bilden die Grundlage des Internets. So werden die Milliarden Seiten erst zum Netz, das schließlich Verbindungspunkte und -linien benötigt. Verlinkungen sind also schlichtweg auch technisch und vom Verhaltensfluss her nötig, damit Nutzer überhaupt auf eine neue Seite stoßen. Zudem werden Links weiterhin eminent wichtig sein als eine der unserer Meinung nach drei wichtigsten Google-Faktoren; auch wenn sie sich durchaus manipulieren lassen, und das mehr als User-Signale. Links bilden jedoch den Einstieg, Sprung und die Empfehlung zu einer Seite und genau deswegen misst ihnen Google solch eine hohe Bedeutung zu. Allerdings muss alles im guten Verhältnis zueinander stehen: Eine Seite, die erst 20 Besucher gehabt hat, aber bereits über 100 Links verfügt, ist auffällig. Google dürfte sich daher eher unabhängiger machen wollen von Elementen, die man als Seitenbetreiber selbst steuern kann. Dennoch wird Google im Kern ein linkbasierter Algorithmus bleiben, auch wenn sich Nuancen ändern. All dies ist aber spekulativ.

Letztlich entscheidet der User über den Erfolg einer Internetseite und das Ranking innerhalb der Suchmaschine. Erst das lange Verweilen auf einer Seite – mit eben jenen Inhalten, die er gesucht hat – macht ein gutes Ranking nachhaltig. Google misst daher verstärkt, was er tut, welche Seiten er sich anschaut, wo er herkommt, hingeht und so weiter. Bieten Sie also dem Nutzer das beste Informationserlebnis, das ihn bei Ihnen bleiben lässt. Dieser Traffic, also alle Nutzer zusammengenommen, und wir wünschen Ihnen davon viele, bildet die Hauptkennziffer, um die SEO-Qualität einer Seite beurteilen zu können. Linkaufbau – der erste Schritt, um User beispielsweise überhaupt auf eine neue Seite aufmerksam zu machen – ist also nur so gut, wie er auch die Besucher bei Ihnen verharren lässt.

Natürlich wird nichts ewig Bestand haben. So wie sich die gesamte IT und das Internet verändern, wird es auch die Google-Formel und die Art und Weise der Arbeit von Suchmaschinen generell. Als aktueller, aber schon seit einiger Zeit laufender Trend ist beispielsweise die Spracheingabe wichtiger geworden und die Nutzung mobiler Geräte. Beides wird weiter zunehmen. Die mit diesem Wandel verbundenen Konsequenzen, teilweise von uns beschrieben, muss man stets im Blick behalten.

Hinzu kommt: Selten ist ein Unternehmen für immer an der Spitze geblieben, gerade die noch junge Informationstechnik bietet hier, aufgrund der extrem kurzen Innovationszyklen, etliche Beispiele. Google jedoch scheint wegen seiner legendären Erneuerungskraft, der konsequenten Kundenorientierung, dem Top-Personal, seiner Gratisfunktion gegenüber dem Endkunden (zumindest, was den finanziellen Aspekt angeht, wir bezahlen bekanntlich mit wertvollen

Daten und dem Klicken auf Anzeigen), der Bandbreite seiner Dienstleistungen und nicht zuletzt wegen seiner milliardenschweren Kasse davor gefeit, in absehbarer Zeit von einem Wettbewerber übertrumpft zu werden. Schließlich existieren sie (Bing, Yahoo, Baidu und Yandex), doch sie liegen im Weltmaßstab gesehen weit abgeschlagen, auch wenn es die erwähnten regionalen Größen gibt. Probieren Sie ruhig andere aus und vergleichen Sie – unserer Meinung nach sind die Suchergebnisse bei Wettbewerbern teilweise grauenhaft. Insofern können sich Seitenbetreiber und SEO-Spezialisten darauf einstellen, sich auch künftig an Google orientieren zu müssen, sodass die in diesem Buch beschriebenen Regeln noch lange ihren grundsätzlichen Wert haben dürften.

Aus heutiger Sicht ist Google als Suchmaschine perfekt. Sie ist zu Recht die Nummer 1, weil sie Qualität und unschlagbare Angebote liefert. Für Internetseitenbetreiber bedeutet dies jedoch auch eine gnadenlose Transparenz und Konkurrenz. Google tut alles und wird alles dafür tun, dass seine Nutzer das beste Suchergebnis ausgespielt bekommen. Diese Höchstqualität kann dabei auch den Interessen von Firmen zuwiderlaufen, die vor allem auf die Marke und ihre Reputation achten müssen; etwa, wenn Negatives über sie im Netz zu finden ist. Wie Sie darauf reagieren können, das haben wir beschrieben. Doch es braucht seine Zeit und Manipulationen gehen nach hinten los. Schauen Sie daher auf langfristige Effekte und schielen Sie nicht auf kurzfristige Resultate. Die Suchmaschinenoptimierung wird ohnehin ständig anspruchsvoller, um die schwarzen Schafe aus dem SEO-Bereich fernzuhalten. Wir als SEO-Agentur hoffen, dass diese Tendenz, die oft der Hauptantrieb für Veränderungen bei Google gewesen ist, auch in Zukunft weitergeht. Dies würde nicht nur uns freuen, sondern vor allem den Nutzern entgegenkommen.

Kaum ein Wirtschaftsbereich ist so dynamisch wie das Internet. Deshalb dürfen Sie hart erarbeitete Erfolge nicht als gegeben hinnehmen und davon ausgehen, dass es dann so weiterläuft. Sie müssen stets ein

Auge auf alles haben, die Welt dreht sich weiter: Kunden, Vorlieben, Algorithmen und die Leistungen der Mitbewerber ändern sich täglich, vor allem aber das Nutzerverhalten. Im Handumdrehen können hier Dienstleistungen und Anbieter entstehen oder untergehen. Um also weiter die Nase vorn zu haben, müssen Sie ständig den Markt und seine Trends beobachten und stets Ihre Internetseite mit ihren SEO-Elementen analysieren, anpassen und wenn nötig umsteuern. Im Wirtschaftsleben kann man sich nie auf Lorbeeren ausruhen, in puncto SEO darf man sich keinerlei Verschnaufpause gönnen.

Wenn es überhaupt möglich ist, wird der Nutzer weiter in den Mittelpunkt rücken. Online-PR, SEO und klassisches Marketing müssen daher noch enger zusammenarbeiten. Wir wünschen uns noch mehr Offenheit für das Thema SEO, besonders auch bei kleineren Unternehmen. In den Chefetagen großer Firmen ist das Thema vor zwei bis drei Jahren angekommen. Doch auch dort, ebenso wie besonders bei kleineren Firmen und dem legendären deutschen Mittelstand, fehlt das grundlegende Verständnis für die Mechanismen, die dazugehörigen Anstrengungen, aber auch die erfreuliche Transparenz bei den Wirkungen der Maßnahmen. Denn der überwältigende Charme sowohl bei SEO als auch bei SEA ist: Es lässt sich nahezu alles messen, Veränderungen lassen sich nachverfolgen und Sie können sehen, was funktioniert – welche Keywords, welche Produkte, welche Artikel, welche Seiten, welche Zeiten, welche Beiträge von welchen Autoren? Bei Bedarf kann man sofort umsteuern oder feinjustieren. Diese Klarheit ist ein riesiger Vorteil gegenüber anderen Kommunikations- und Marketingsparten. Zudem sind dadurch der Mittel- und Personaleinsatz und die Konzentration auf bestimmte Maßnahmen viel stärker nachvollziehbar. Sie können also die Effekte Ihrer Ideen und Aktionen und die Handlungen der Internetseitenbesucher viel exakter, ja oft ganz eindeutig beurteilen.

Wohl überlegt sein muss ein genereller Relaunch, was wesentlich mehr als eine reine Suchmaschinenoptimierung ist. Ein Neustart geht fast immer mit einem zumindest kurzfristigen Verlust im Ranking und bei der Sichtbarkeit einher. Dies liegt unter anderem auch an den erläuterten Attributen, die Google wertschätzt wie Vertrauen, Expertise und Autorität, die nun nicht mehr so bewertet werden können wie vorher. Diese muss sich eine Internetseite erst wieder erarbeiten.

Wir hoffen damit, den Google-Algorithmus etwas entzaubert zu haben, auch wenn die Geheimformel ganz und gar nicht öffentlich ist.

Suchmaschinenoptimierung – Inhouse oder Agentur beauftragen?

Vielleicht fragen Sie sich jetzt, wie ein Suchmaschinenoptimierer wohl zu finden ist. Nun, es liegt auf der Hand, dass Sie ihn schlichtweg googeln, und zwar »Suchmaschinenoptimierung« in Verbindung mit der Stadt Ihres Firmensitzes. Wen Sie dort auf den vorderen Plätzen finden, der sollte in die engere Auswahl kommen. Dass ein Google-Ranking allein nicht ausschlaggebend ist, haben wir ja beschrieben – sonst würde es keine Absprungraten geben.

Agenturen, die Paketpreise anbieten, sind aus unserer Sicht unseriös. Bieten sie Ihnen Garantien, so ist dies ebenfalls nicht koscher. Denn wie erwähnt bietet das Suchergebnis nur einen extrem begrenzten und begehrten Platz. Zwar sollte eine gute Agentur Sie dort platzieren können, sonst wäre sie auch ihr Geld nicht wert. Garantieren kann sie dies jedoch nicht.

Lassen Sie sich zudem Referenzen geben und lesen Sie Case-Studies (Fallbeispiele) der Agentur. Dort sollte in der Regel die Vorgehensweise bei einem Projekt ausführlich beschrieben sein und man kann daraufhin deren Qualität recht manierlich einschätzen. Ein weiterer wichtiger Punkt sollte sein, wie lange die Agentur bereits am Markt ist. Bildet sie womöglich aus? Eine Google-Partnerschaft wiederum ist Standard, ist also kein Unterscheidungsmerkmal. Unserer Meinung nach ist auch die sehr sinnvolle Mitgliedschaft in einem Verband keineswegs ein Auswahlkriterium.

Wenn Sie SEO-Bedarf haben, sollte man unserer tiefsten Überzeugung nach eine Agentur beauftragen, statt jemanden einzustellen. In unseren Augen ist es eine klassische Dienstleistung, noch dazu eine für Spezialisten, und die sollten Sie auslagern. Wir sagen dies nicht, weil wir eine Agentur sind, sondern weil unserer Meinung nach die Gründe dafür überwiegen. Wir wollen diesen Aspekt jedoch ausführen und Pro und Contra gegenüberstellen.

Auslagern oder selbst machen, einkaufen oder einstellen? Diese traditionelle unternehmerische Frage unterliegt denselben Entscheidungskriterien wie bei anderen Gewerken und Themen, auch die, die nicht das Kerngeschäft einer Firma umfassen. Besonders naheliegend ist es, sich für eine Antwort andere »Spezialgebiete« der Unternehmenskommunikation vor Augen zu führen: Gibt es eine hauseigene Druckerei, weil oft Broschüren, Faltblätter, Einladungen und Grußkarten gebraucht werden? Wird eine Eventagentur für den Jahresempfang gebucht? Texten und gestalten Sie Ihre Werbekampagnen selbst und buchen Sie selbstständig Werbung? Und so weiter. Die Antworten dürften bunter ausfallen als das Google-Logo, hinzu kommen Überschneidungen.

Wie so oft, ist es unterm Strich eine finanzielle, personelle und organisatorische Entscheidung und durchaus eine Mischung aus allem. Besonders aber sollte im Mittelpunkt Ihrer Betrachtung schlichtweg eins stehen: Kompetenz, Wissen, Fähigkeiten und Handwerkzeug. Dieses ist auf dem Markt sehr schwer zu finden, und wenn, dann eben in Agenturen oder in großen, beliebten Unternehmen. Gute Leute gehen fast ausschließlich zu Agenturen oder zu prominenten

Onlinegrößen mit attraktiven Projekten. Kompetente Mitarbeiter für Inhouse-SEO zu finden ist schwierig, weil die fähigen Leute selbst eine Agentur leiten und ihre Mitarbeiter, die sie meist direkt von der Universität rekrutieren, selbst betrieblich ausbilden. Unserer Erfahrung nach ist es schwer, einen guten Suchmaschinenoptimierer für einen bezahlbaren Betrag in eine branchenfremde Firma zu locken.

Während kleinere und lokal ausgerichtete Unternehmen Suchmaschinenoptimierung aufgrund von Budgetknappheit oftmals eigenständig erledigen müssen (und auch eher nicht zu unserer Zielgruppe gehören), bleibt mittelständischen und größeren Unternehmen keine Wahl. Sie müssen Profis beauftragen. Denn dieses Buch hat schließlich gezeigt: Ohne professionelle Suchmaschinenoptimierung geht es nicht mehr. Diese Erkenntnis ist mittlerweile auch bis zu vielen Entscheidungsträgern in Unternehmen durchgedrungen.

Dass das Geschäft für Agenturen aktuell gut läuft, hängt jedoch auch damit zusammen, dass viele Unternehmer negative Erfahrungen mit Inhouse-SEO gemacht haben und dann zu einer SEO-Agentur wechseln. Suchmaschinenoptimierung wurde von vielen Unternehmen lange Zeit stiefmütterlich behandelt. Meist wurden essenzielle Aufgaben an Mitarbeiter aus dem eigenen Unternehmen delegiert, die dafür erstens nicht ausgebildet waren und zweitens keine Motivation besaßen. Frei nach dem Motto: Mein Mitarbeiter besitzt einen Facebook-Account, also muss er auch ein SEO-Experte sein. Rankingverluste waren oft die Folge, was sich wegen der starken Korrelation von Sichtbarkeit bei Google und Unternehmenserfolg dann kurzfristig auch in schlechteren Geschäftszahlen niederschlug.

Suchmaschinenoptimierer ist jedoch kein offizieller Ausbildungsberuf. Und auch einen reinen SEO-Studiengang gibt es noch nicht. Zwar existieren mittlerweile BWL-Studiengänge, die auch Online-Marketing und somit zumindest in Teilen SEO abdecken, diese gibt es jedoch noch viel zu selten. Zudem können auch erfolgreiche

Unternehmen noch nicht allzu viel mit dem Thema Suchmaschinenoptimierung anfangen und unterschätzen deswegen den horrenden Aufwand, der mit dieser Tätigkeit einhergeht.

Rekapitulieren wir: SEO-Arbeit umfasst, wie wir hoffentlich anschaulich beschrieben haben, sehr differenzierte Tätigkeiten, ist ein permanenter Prozess und muss meist im Team umgesetzt werden. Jeder weiß, aus welchen Elementen sich Webseiten zusammensetzen: Man braucht Texter, Grafikdesigner, IT-Spezialisten, Programmierer und so weiter und das nicht nur einmalig, sondern oft täglich. Neben diesen Onpage-Faktoren existieren aber auch viele Offpage-Faktoren, die ebenso optimiert werden müssen. Inhouse-SEO setzt sich jedoch meist nur aus einer Person zusammen. Klar, dass diese nicht die Arbeit eines ganzen Teams erledigen kann, selbst bei zwei oder drei Personen ist dies kaum machbar.

Zudem ist es sehr schwierig, überhaupt fähiges Personal zu finden. Wir etwa bilden unsere Mitarbeiter meist selbst aus. Zudem sind wir enge Kooperationen mit Fachhochschulen wie der Hochschule für Wirtschaft, Technik und Kultur in Berlin eingegangen. Bei uns sind viele Studenten aus der Studienrichtung Business Administration mit dem Themenschwerpunkt Marketingkommunikation und Public Relations tätig. Sie bringen bereits ein Basiswissen mit, auf dem wir bei der betrieblichen Ausbildung aufbauen können.

Gerade weil es keinen offiziellen Nachweis darüber gibt, dass ein SEO-Experte oder eine Agentur ihre Arbeit auch beherrscht, sollten Unternehmen, die sich für eine SEO-Auslagerung entschieden haben, aufpassen, nicht auf die schwarzen Schafe der Branche hineinzufallen. Natürlich existieren diese wie in anderen Wirtschaftsbereichen auch, und zwar weil viele Leute mit unternehmerischen Ambitionen dem Irrglauben unterliegen, dass jemand, der sich gut im Internet auskennt, auch ein SEO-Experte oder Online-Marketing-Spezialist sein müsste.

Trotzdem spricht sehr viel für eine SEO-Agentur. Wer sich doch für eine interne Lösung entscheidet, sollte seinem Personal aber auch die entsprechenden finanziellen und technischen Ressourcen bereitstellen – und hierzu gehört eine ganze Menge: Räume, Geräte, Software, SEO-Spezialsoftware und vor allem auch der Besuch von Kongressen und Weiterbildungsveranstaltungen. So allerdings wird kein Einspareffekt erzielt, was aber oft die Hauptmotivation für die Eigenlösung ist. Also kann man gleich eine gut aufgestellte Agentur beauftragen, die zwar (vermeintlich) teurer ist, aber alle diese Kosten mit abdeckt plus immer neuestes Wissen und Kompetenz. Schließlich weiß jeder Unternehmer und Manager: Ein Angestellter kostet mehr als sein schieres Gehalt. Sollten etwa unsere Mitarbeiter Urlaub haben oder krank sein, arbeiten wir trotzdem für unsere Auftraggeber weiter.

Kostengründe sind aber nicht das einzige Problem. Unternehmen, die sich für Inhouse-SEO entscheiden, müssen bedenken, dass es lange dauert, bis die Maßnahmen zum Erfolg führen. Zudem ist der Spielraum Einzelner meist begrenzt. Ein neuer Inhouse-SEO kennt weder die Historie der Domain noch die bisher umgesetzten Maßnahmen im Vergleich zu einer Agentur, die das Projekt langfristig betreut und optimiert hat. Agenturen haben meist einen größeren Blickwinkel und mehr Möglichkeiten, was die Gesamtheit der Maßnahmen betrifft. Eine Einzelperson oder auch ein sehr kleines Team kann oft nicht das Know-how einer ganzen Agentur einbringen.

Problematisch ist zudem, dass aufgrund des »Mysteriums SEO« vielen Menschen gar nicht bewusst ist, welche Prozesse sich hinter diesem Schlagwort in der Praxis verstecken, die eben ein ganzes Buch füllen. Es laufen viele Maßnahmen ab, deren »Stopp and Go«-Bewegungen sich in der Strategie sehr negativ auf die Sichtbarkeit auswirken können. Hierzu zählen vor allem die Linkaufbau- und Content-Strategie. Kunden nehmen dies häufig gar nicht wahr.

Die Entscheidung für eine SEO-Agentur ist daher tendenziell die bessere – natürlich unter den beschriebenen Voraussetzungen. Man sollte klassisch Vor- und Nachteile aus seiner Sicht gegenüberstellen. Um aber eine gute von einer schlechten SEO-Agentur unterscheiden zu können, sollten wiederum vor der Zusammenarbeit einige essenzielle Fragen an den möglichen Geschäftspartner gestellt werden. Die Antworten können bereits ein Hinweis darauf sein, wie fähig und professionell die Agentur aufgestellt ist. Wir empfehlen, die folgenden Fragen zu stellen, was allerdings voraussetzt, sich bereits etwas mit der SEO-Materie beschäftigt zu haben, was aber an dieser Stelle des Buches zweifellos der Fall ist:

➤ Können Sie mir die Google-Updates erklären?

➤ Wer kümmert sich um den technischen Support meiner Seite?

➤ Wie erkennen Sie, ob meine Seite von Google abgestraft wurde?

➤ Welche Linkbuilding-Strategie verwenden Sie?

➤ Wie gewährleisten Sie für meine Seite mehr Aufmerksamkeit und Reichweite?

➤ Was wissen Sie über Content-Marketing?

➤ Wie werden Sie mich in Ihren Arbeitsprozess einbinden?

➤ Welche Tools verwenden Sie?

➤ Wer sind Ihre Kunden? Wie lange sind Sie Geschäftspartner? Gibt es Referenzen?

➤ Welche Prognosen und Garantien geben Sie mir?

➤ Wie kann ich meinen/Ihren Erfolg messen?

Die Vorteile, eine SEO-Agentur zu beauftragen, liegen auf der Hand: Kreativität im Team, Erfahrung durch viele unterschiedliche Projekte und die Umsetzung komplexer Maßnahmen sind eher durch die Beauftragung einer Agentur sicherzustellen als durch die Anstellung eines Inhouse-Spezialisten. Wer sich dennoch für eine Einstellung entscheidet, sollte sich bewusst sein, dass der Mitarbeiter bei der Betreuung des Projekts eventuell an seine Grenzen stoßen wird, zeitlich wie kreativ. Eine Kompromisslösung wäre es daher, bestimmte Aufgaben und Kompetenzen an eine SEO-Agentur abzugeben und im regen Austausch mit dieser gemeinsam an einem Strang zu ziehen, zumal eine Agentur ohnehin einen kompetenten Ansprechpartner beim Kunden benötigt. So ist es bei den meisten anderen speziellen Kommunikationsaufgaben auch, wie etwa Krisen-PR oder der Namensfindung für ein Produkt.

So oder so wünschen wir Ihnen viel Erfolg bei der Suchmaschinenoptimierung, dem Umsetzen artverwandter Kommunikationsaufgaben und vor allem viele Verkaufsabschlüsse über das Internet.

Über die Autoren

Die Autoren Vincent Sünderhauf und Sebastian Petrov sind mit mittlerweile über 12 Jahren Veteranen in der Online-Marketing-Branche.

2006 gründeten Sie den Online-Marketing-Dienstleister seosupport noch während der letzten Abi-Klausuren. Über die Jahre hinweg etablierte sich die Agentur als führende Performance-Marketing-Agentur mit aktuell über 30 Mitarbeitern (Stand Februar/2018).

Zu den Kunden zählen Fortune-500-Unternehmen, führende Dax-Konzerne, aber auch viele Unternehmen aus dem KMU-Bereich. 2017 titelte die Berliner-Zeitung „2 Jungs aus Berlin-Charlottenburg erobern die Online-Marketing-Branche".

Das Erstwerk der beiden Online-Marketer richtet sich mit Absicht an die zahlreichen KMU in Deutschland, die mithilfe von zielführender Suchmaschinenoptimierung und Digital-Branding vorne im Kampf um das beste Google-Ranking erfolgreich mitmischen wollen.

Vincent Sünderhauf ist als Gründer und Geschäftsführer der seosupport GmbH europaweit als Experte für Online-Marketing, SEO, Digital-Branding und Online-Reputation bekannt. Hierzu hält er Vorträge und gilt als einer der Avantgardisten im Bereich Digital-Branding für Unternehmen des webbasierten Verkaufs.

Sebastian Petrov ist Experte in den Bereichen Online-Marketing, Reputations-Marketing, eCommerce und digitale Unternehmensprozesse. Er hält zahlreiche Vorträge für Organisationen und ist einer der Pioniere im Bereich eSales-Lösungen für mittelständische Unternehmen. 2006 hat er das Online-Marketing-Unternehmen seosupport gegründet.

Anhang

1 https://webmaster-de.googleblog.com/2011/05/weitere-tipps-zur-er-stellung-qualitativ.html

2 https://support.google.com/webmasters/answer/7451184?hl=de

3 https://webmaster-de.googleblog.com/search?updated-max=2017-12-04T12:00:00Z&max-results=7

4 https://support.google.com/webmasters/answer/35769?hl=de&ref_topic=6001981

5 https://support.google.com/webmasters/answer/35769?hl=de&ref_topic=6001981

6 https://webmaster-de.googleblog.com/2011/05/weitere-tipps-zur-er-stellung-qualitativ.html

7 https://webmaster-de.googleblog.com/2011/05/weitere-tipps-zur-er-stellung-qualitativ.html

8 https://webmaster-de.googleblog.com/2011/05/weitere-tipps-zur-er-stellung-qualitativ.html

9 https://support.google.com/webmasters/answer/66359

10 https://searchenginewatch.com/sew/news/2319706/googles-matt-cutts-a-little-duplicate-content-wont-hurt-your-rankings

11 Alpar, Andre; Wojcik, Dominik: *Das große Online Marketing Praxisbuch*, Düsseldorf, S.245.

12 https://support.google.com/webmasters/answer/7451184?hl=de

13 https://support.google.com/webmasters/answer/66359?hl=de

14 https://www.google.com/intl/de/about/philosophy.html

15 https://www.google.com/intl/de/about/philosophy.html

16 https://www.google.com/about/philosophy.html

17 https://support.google.com/webmasters/answer/7451184?hl=de

18 https://webmaster-de.googleblog.com/search?updated-max=2017-12-04T12:00:00Z&max-results=7

19 https://webmaster-de.googleblog.com/search?updated-max=2016-05-19T13:43:00%2B01:00&max-results=7&start=28&by-date=false

20 https://support.google.com/webmasters/answer/2648487?hl=de

21 https://www.kontor4.de/beitrag/aktuelle-social-media-nutzerzahlen.html

22 https://buggisch.wordpress.com/2018/01/02/social-media-und-messenger-nutzerzahlen-in-deutschland-2018/

23 http://blog.wiwo.de/look-at-it/2017/06/08/linkedin-erreicht-10-millionen-deutschsprachige-nutzer-kommt-xing-aber-nicht-naeher/

24 https://www.google.com/about/philosophy.html

25 https://de.statista.com/themen/258/mobiles-internet/

26 https://de.statista.com/themen/258/mobiles-internet/

27 https://www.searchmetrics.com/de/knowledge-base/ranking-faktoren/

28 https://www.google.com/about/philosophy.html